Darius Bossou

Erosion pluviale et gestion des terres agricoles dans le bassin du Zou

Darius Bossou

Erosion pluviale et gestion des terres agricoles dans le bassin du Zou

Presses Académiques Francophones

Impressum / Mentions légales

Bibliografische Information der Deutschen Nationalbibliothek: Die Deutsche Nationalbibliothek verzeichnet diese Publikation in der Deutschen Nationalbibliografie; detaillierte bibliografische Daten sind im Internet über http://dnb.d-nb.de abrufbar.

Alle in diesem Buch genannten Marken und Produktnamen unterliegen warenzeichen-, marken- oder patentrechtlichem Schutz bzw. sind Warenzeichen oder eingetragene Warenzeichen der jeweiligen Inhaber. Die Wiedergabe von Marken, Produktnamen, Gebrauchsnamen, Handelsnamen, Warenbezeichnungen u.s.w. in diesem Werk berechtigt auch ohne besondere Kennzeichnung nicht zu der Annahme, dass solche Namen im Sinne der Warenzeichen- und Markenschutzgesetzgebung als frei zu betrachten wären und daher von jedermann benutzt werden dürften.

Information bibliographique publiée par la Deutsche Nationalbibliothek: La Deutsche Nationalbibliothek inscrit cette publication à la Deutsche Nationalbibliografie; des données bibliographiques détaillées sont disponibles sur internet à l'adresse http://dnb.d-nb.de.

Toutes marques et noms de produits mentionnés dans ce livre demeurent sous la protection des marques, des marques déposées et des brevets, et sont des marques ou des marques déposées de leurs détenteurs respectifs. L'utilisation des marques, noms de produits, noms communs, noms commerciaux, descriptions de produits, etc, même sans qu'ils soient mentionnés de façon particulière dans ce livre ne signifie en aucune façon que ces noms peuvent être utilisés sans restriction à l'égard de la législation pour la protection des marques et des marques déposées et pourraient donc être utilisés par quiconque.

Coverbild / Photo de couverture: www.ingimage.com

Verlag / Editeur:
Presses Académiques Francophones
ist ein Imprint der / est une marque déposée de
OmniScriptum GmbH & Co. KG
Heinrich-Böcking-Str. 6-8, 66121 Saarbrücken, Deutschland / Allemagne
Email: info@presses-academiques.com

Herstellung: siehe letzte Seite /
Impression: voir la dernière page
ISBN: 978-3-8381-4508-2

Copyright / Droit d'auteur © 2014 OmniScriptum GmbH & Co. KG
Alle Rechte vorbehalten. / Tous droits réservés. Saarbrücken 2014

Sommaire

Dédicace 2

Remerciements 3

SIGLES ET ACRONYMES 4

Résumé 5

Abstract 5

INTRODUCTION 6

CHAPITRE I : CADRE THEORIQUE ET MILIEU D'ETUDE 9

   1.1. Cadre théorique 9

   1.2. Milieu d'étude 18

CHAPITRE II : MATERIEL ET METHODE 31

   2.1. Matériel 31

   2.2. Méthode 32

CHAPITRE III : RESULTATS ET DISCUSSIONS 42

   3.1. Déterminants physiques de l'érosion pluviale 42

   3.2. Systèmes de cultures 51

   3.3. État de la dynamique actuelle de l'occupation du sol 57

   3.4. Discussion 62

   3.5. Approches de solutions et suggestions 63

   3.6. Proposition d'aménagements de lutteanti - érosifs 65

CONCLUSION 70

BIBLIOGRAPHIE 72

LISTE DES TABLEAUX 77

LISTE DES FIGURES 77

LISTE DES PHOTOS 77

ANNEXE 78

TABLE DES MATIERES 84

Dédicace

A

- ✓ mon Père BOSSOU Mathias et ma Mère AÏHE Catherine, pour l'affection et l'éducation dont vous m'avez entouré. Cette œuvre est le fruit de votre noble souci de faire de moi un homme accompli ;

- ✓ mon feu oncle AÏHE Toussaint, ton objectif était de nous voir réussir. Que ce travail soit la preuve de l'effort que je fournis pour être à la hauteur de toutes tes attentes passées.

Remerciements

Je tiens à exprimer ma gratitude à tous ceux qui m'ont soutenu de près ou de loin dans la réalisation de ce travail. Je voudrais remercier à travers cette rubrique particulièrement :

- ✓ Dr. François TCHIBOZO Maître-Assistant au Département de Géographie et Aménagement du Territoire (DGAT) pour avoir accepté diriger ce travail malgré ses multiples occupations. Qu'il reçoive ici, mes sincères et profondes gratitudes ;
- ✓ Dr. Vincent OREKAN Maître-Assistant au Département de Géographie et Aménagement du Territoire (DGAT) pour avoir accepté superviser le travail ;
- ✓ Dr. Norbert AGOÏNON qui nous a orientés dans ce travail malgré ses multiples occupations ;
- ✓ tout le personnel du LABEE pour leurs soutiens, principalement Prof. Brice TENTE, Dr. José GNELE, Dr. Jean Bosco VODOUNOU, Dr. Auguste HOUINSOU, Messieurs Mama DJAOUGA, Djafarou ABDOULAYE, Martin ASSABA, Maurice AZANLIN, Jules ODJOUGBERE, Rachad ALI et GBAÏ Innocent ;
- ✓ tout le personnel enseignant du LACEEDE, notamment les Docteurs Expédit VISSIN, Euloge OGOUWALE et Cyr Gervais ETENE pour leurs conseils ;
- ✓ tous les enseignants du Département de Géographie et Aménagement du Territoire (DGAT) ;
- ✓ ma tante LESSE Marie-Madeleine et son époux DOUGNON Innocent pour leur soutien moral et financier indéfectibles ;
- ✓ toute l'équipe de CeCPA Zagnanado et Za-Kpota pour nous avoir donné sans résistance des informations liées à la présente étude ;
- ✓ tous les paysans des villages du bassin inférieur du Zou pour avoir fourni des informations pour la réalisation de ce document ;
- ✓ M. TRAORE Arouna Abdou et son épouse pour leur soutien moral et financier ;
- ✓ tous mes oncles et tantes particulièrement BOSSOU Sylvestre, Patrice pour leur soutien moral et leur conseil ;
- ✓ tous mes frères, sœurs, cousins et cousines pour leur soutien moral et financier ;
- ✓ tous mes amis particulièrement AGONVONON Immaculée, AFFEWE Ferdinand, IBRAHIM Sambo, TOVIDE Gérald, DOVONOU Euloge, HESSOU Aimé et YAMONMI Dominique pour m'avoir soutenu dans la réalisation de ce mémoire.

SIGLES ET ACRONYMES

ABE	:	Agence Béninoise pour l'Environnement
ASECNA	:	Agence pour la Sécurité et la Navigation Aérienne en Afrique et à Madagascar
BIDOC-FSA	:	Bibliothèque et Centre de Documentation de la Faculté des Sciences Agronomiques
CeCPA	:	Centre Communal pour la Promotion Agricole
CENATEL	:	Centre National de la Télédétection et de la Cartographie Environnementale
CeRPA	:	Centre Régional pour la Promotion Agricole
CTFT	:	Centre Technique Forestier Tropical
DGAT	:	Département de Géographie et Aménagement du Territoire
FAO	:	Organisation des Nations Unies pour l'Alimentation et l'Agriculture
FLASH	:	Faculté des Lettres, Arts et Sciences Humaines
FSA	:	Faculté des Sciences Agronomiques
IFB (ex CCF)	:	Institut Français du Bénin
IGN	:	Institut Géographique National
IITA	:	Institut International pour l'Agriculture Tropical
INSAE	:	Institut National de la Statistique et de l'Analyse Economique
LABEE	:	Laboratoire de Biogéographie et Expertise Environnementale
LACEEDE	:	Laboratoire Pierre PAGNEY, Climat, Eau, Ecosystème et Développement
LHME	:	Laboratoire d'Hydraulique et de Maîtrise de l'Eau
LESSEE	:	Laboratoire d'Etude des Sciences du Sol, Eaux et Environnement.
MAEP	:	Ministère de l'Agriculture, de l'Elevage et de la pêche
MEHU	:	Ministère de l'Environnement, de l'Habitat et de l'Urbanisme
ORSTOM	:	Office de Recherche Scientifique et Technique d'Outre - Mer
RGPH	:	Recensement Général de la population et de l'Habitation
UAC	:	Université d'Abomey - Calavi
UICN	:	Union Internationale pour la Conservation de la nature et des ressources naturelles

Résumé

La présente étude vise à analyser les manifestations de l'érosion pluviale et le mode de gestion des terres agricoles dans le sud du bassin inférieur du Zou (Bénin).
Pour évaluer les effets de l'érosion pluviale sur les terres agricoles, l'approche méthodologique a consisté à la collecte des données pluviométriques, démographiques et cartographiques. Les outils utilisés pour quantifier le phénomène sont des piquets d'érosion et des pièges à sédiments. Les investigations en milieu réel portent sur les secteurs où les terres agricoles sont les plus dégradées.
Il résulte de ce travail que les quantités de terres érodées et déposées sur les sites sont donc de 4482, 2 g de sédiments. Cette dégradation est due d'une part aux caractéristiques physiques du site et d'autre part, elle est amplifiée par les actions humaines. Ainsi, la dynamique de l'occupation du sol a montré une régression des formations naturelles de l'ordre de 38, 62 % au détriment des formations anthropisées qui ont progressées de 61, 38 %.
Pour y remédier, des aménagements antiérosifs ont été proposés et une sensibilisation de l'acceptabilité par la population des techniques culturales les plus efficaces.

Mots clés : *Bassin inférieur du Zou, érosion pluviale, terres agricoles et dynamique de l'occupation du sol.*

Abstract

This study aims to analyse the events of rainfall erosion and management mode of land use in the southern lower basin of the Zou (Benin).
To assess the effects of rainfall erosion on land use, the methodology used, consist in collecting rainfall data, demographics andcartographic. Tools of stakes erosion and sediment traps were used to quantify this problem. The investigation in real area focus on sectors where farmlands are most degraded.
It follows from this work that the quantities of eroded lands and deposited on the sites are estimated to 4482.2 grams of sediments. This degradation is partly due to the physical data of site and secondly it is amplified by human's being actions. Thus change detection showed a regression of natural formations in order of 38.62 per cent at the expense of anthropic formations which have progressed to 61.38 per cent.
To remedy to this, facilities anti - erosive have been proposed and followed by sensitization of the population's acceptability of most effective and efficient cultivation technics.

Key words : *Lower basin of Zou, rainfall erosion, agricultural lands and change detection.*

INTRODUCTION

Les pays africains sont touchés par une forte croissance démographique dont les effets sur l'environnement se traduisent par une dégradation accélérée des ressources biologiques, des ressources en eau et en sol (Mercier, 1991).

Ainsi, l'érosion est un processus naturel ou artificiel de dégradation des sols et des roches sous l'effet des agents atmosphériques (Audrey, 2009). Selon cet auteur, certains paramètres accentuent ce phénomène, par exemple la pente, la texture et la dureté de la roche, l'absence de couverture végétale, la présence de structures tectoniques, l'anthropisation.

L'érosion des sols représente un risque important pour les espaces agricoles et les zones situées en aval où l'on note des pertes en terre, coulées de boue, turbidités et pollutions des eaux (Le Bissonnais *et al.*, 2004).

Dans la plupart des pays au sud du Sahara en général et le Bénin en particulier, l'agriculture est confrontée à des difficultés dont la plupart provient de la nature mais aussi de l'action anthropique (Djanan et Hennou, 2000 ; Bakpé, 2011). Selon les mêmes auteurs, la dynamique des systèmes agraires, les techniques culturales et les moyens de production rudimentaires contribuent à la dégradation des sols.

Au Bénin, la pression démographique a entraîné une fragmentation énorme des terres arables et une réduction inquiétante des durées de jachères. En effet, les sols se sont gravement dégradés dans les régions densément peuplées, dans leurs environnements immédiats et dans celles de forte production de coton (Boko, 2009).

La dégradation des ressources naturelles (eaux, sols, végétations), est devenue aussi bien pour l'Etat que pour les populations locales, un souci majeur en Afrique en général et au Bénin en particulier. Selon un rapport de l'Union Internationale pour la Conservation de la Nature et des Ressources Naturelles (UICN) cité par Fanou *et al.*, (1997), les dommages causés aux écosystèmes sont impressionnants : 20 millions de kilomètres carrés de terres sont au seuil de la désertification et 20 % des forêts sont détruites à un rythme annuel de 81 millions d'hectares. Selon un rapport du MEHU (1996), 70 % des terres arides du globe sont menacées par diverses formes de dégradation regroupées sous le terme générique de désertification. Le Bénin faisant partir du globe, est aussi menacé. Il est donc urgent d'assurer la protection et la conservation de ces terres. Au Bénin, les pertes annuelles de sols sont estimées à plus de 27 millions de tonnes (Toko, 2005).

Selon un rapport du Centre Technique Forestier Tropical (CTFT, 1997), les feux de végétation et le surpâturage exercés dans les zones de savane où la couverture végétale est dégradée et progressivement détruite par les troupeaux dont l'effectif est généralement très supérieur à la possibilité en herbe des pâturages tropicaux. A ceci, s'ajoute le fait que les bergers pratiquent l'ébranchage des arbres de la savane pour procurer à leur bétail un complément de nourriture en saison sèche. Selon la même source, beaucoup d'arbres sont mutilés et un grand nombre d'entre eux ne survivent plus. Tout ceci entraîne la perte de la végétation des sols, les exposant ainsi à l'effet de l'érosion. Selon Bouegui (2008), la tombée de la pluie donne lieu à trois types de mouvements en relation avec la topographie et la structure du sol, qui sont le ruissellement, l'infiltration ou stagnation, avec pour conséquence l'érosion, le colmatage ou le lessivage.

Au Bénin, l'agriculture est essentiellement pluviale, donc confrontée aux aléas climatiques (Boko *et al.,* 2004).Selon un rapport du MAEP (2008), sur les onze millions d'hectares de surfaces disponibles, un peu moins de 60 % sont aptes à l'agriculture. La taille moyenne de l'exploitation familiale est estimée à 1,7 hectares pour sept personnes. Toutefois, on note que 34 % des exploitations agricoles couvrent moins de 1 hectare dans la partie Sud soit 5 % des exploitations et plus de 5 hectares dans la partie Nord soit 20 % des exploitations.

A l'instar des autres pays de l'Afrique de l'Ouest, le Bénin et particulièrement dans la partie méridionale, connaît une dégradation des ressources environnementales réduisant ainsi leur capacité à répondre aux besoins de survie et de développement adéquat de la population (Houngnihin, 2009).

Face à une telle situation, le sud du bassin inférieur du Zou apparaît opportun à cause de sa faible disponibilité en terres agricoles (Ogouwalé, 2004).

Il est donc indispensable de procéder à une gestion rationnelle des terres agricoles. La présente étude intitulée : « **Erosion pluviale et gestion des terres agricoles dans le sud du bassin inférieur du Zou** »vise à analyser les manifestations de l'érosion pluviale et le mode de gestion des terres agricoles dans le sud du bassin inférieur du Zou, en vue de proposer des mesures antiérosives.

La présente étude s'articule autour de trois chapitres :

- ✓ le chapitre I présente le cadre théorique et le milieu d'étude ;
- ✓ le chapitre II décrit le matériel et la méthode ;
- ✓ le chapitre III aborde les résultats et discussion.

Après avoir abordé les aspects généraux de la présente étude, l'on doit énoncer les grandes questions relatives aux manifestations de l'érosion pluviale.

CHAPITRE I : CADRE THEORIQUE ET MILIEU D'ETUDE

Le présent chapitre aborde la problématique, les hypothèses, les objectifs, la revue de littérature, la clarification des concepts et le milieu d'étude.

1.1. Cadre théorique

Le cadre théorique met en relief la problématique de l'étude. Il présente ensuite les objectifs, hypothèses et enfin il fait le point de la revue de littérature.

1.1.1. Problématique

Depuis plus de trois décennies, la problématique de l'environnement préoccupe la communauté internationale, du fait de la dégradation continue des ressources naturelles dont dépend l'épanouissement des populations (Rapport PNUE, 1992).

Ainsi, les pluies généralement torrentielles, provoquent l'érosion des sols due à une forte pression exercée par les hommes sur la végétation dans les zones tropicales. Ce qui entraîne une médiocrité des ressources pédologiques (Serageldin, 1989).

Selon une étude de la FAO, cité par Serageldin (1989), 19 % seulement des sols de l'Afrique sont naturellement fertiles, tandis que 55 % subissent une dégradation avancée. Selon la même source, la population africaine s'accroît actuellement au taux de 3,2 % par an, ce qui entraîne une rareté des terres. D'où la réduction progressive des périodes de jachères.

Selon Eba'a Atyi (2010), en Afrique Centrale, tous les pays connaissent le processus de dégradation des terres qui se manifeste par une baisse de la fertilité des sols qui résulte d'une perte sous l'effet de l'érosion de leur couche superficielle. En effet, la dégradation des terres entraîne une diminution de la productivité agropastorale et des changements dans leurs propriétés biologiques, physiques, chimiques et hydrologiques. Selon le même auteur, le phénomène est particulièrement perceptible dans les zones d'altitude (Burundi, Rwanda, Cameroun) et dans les zones sahéliennes (Tchad, Cameroun). Il souligne par la suite que la dégradation des terres a un coût minimum de trois milliards de dollars US pour l'Afrique Centrale.

D'après Pfeiffer (1988), la dégradation des sols est due à un développement des cultures annuelles, aux exportations accrues d'éléments minéraux du sol par les ventes de bois au détriment des cultures pérennes. Il affirme aussi que la dégradation des sols est due à une forte croissance des populations dans les milieux ruraux. Il aborde dans le même sens pour montrer que du 16ème au 20ème siècle, la croissance de la population était faible et le mode d'exploitation du milieu naturel par la culture sur brûlis, suivie d'une friche arbustive, n'avaient pas de conséquences sur le milieu écologique.

Au sud du Bénin, la dégradation des sols est due à la culture sur brûlis avec friche arbustive (Ruthenberg, cité par Pfeiffer, 1988). Il renchérit que le brûlis intervient régulièrement après le défrichement d'une friche arbustive.

Murphy et Flewin (1993) affirment que les régions intertropicales auxquelles appartient le Bénin, sont confrontées à des précipitations atmosphériques et des vents violents qui entraînent la disparition rapide de la couche arable, de l'humus et de la vie microbienne du sol. Aho et Kossou (1997) abordent dans le même sens pour dire que l'agriculteur contribue au développement de l'érosion par quatre voies essentielles qui sont : la destruction inconsidérée du couvert forestier, la pratique de brûlis comme moyen de nettoyage du sol, l'utilisation des outils aratoires et l'exploitation excessive de plantes sarclées. Ces pratiques traditionnelles exposent les parcelles au danger de l'érosion et à la dégradation continue du sol.

Par ailleurs, la déforestation a donné libre cours aux phénomènes érosifs avec pour corollaire la dégradation des sols. En effet, la dégradation entraîne l'appauvrissement des sols, d'où la baisse de la production (Togbe, 1996). Adam (2005) affirme que les effets directs ou indirects des mauvaises pratiques agricoles adoptées par les paysans sont la dégradation de la végétation, l'extension des espaces désertifiés, la destruction des écosystèmes, la pollution du milieu par les produits dérivés des pesticides et engrais chimiques.

Selon Greco (1978), sur les terrains en pente, le sol s'use, diminue d'épaisseur dès qu'il est découvert car il s'érode et a tendance à disparaître sous l'action du vent et de la pluie. Ainsi, la nature montre que le sol se forme et s'entretient à l'abri d'une couverture végétale. C'est pourquoi toute usure anormale du sol est l'une des causes de la faim dans le monde car les rendements des terres en érosion diminuent. Arayé (2007) affirme que l'intensité de la pluie est un facteur caractéristique de l'érosion hydrique. C'est pourquoi les risques d'érosion et de ruissellement sont beaucoup plus grands sous les pluies intenses. Lorsque les pentes sont fortes ou très fortes, le ruissellement est très remarquable du fait de la vitesse de l'eau. Dupriez et Leener (1990) abordent dans le même sens pour dire que le ruissellement se produit quand l'intensité de pluie excède le taux d'infiltration.

Les forêts jouent un rôle de réservoir génétique pour toutes les espèces d'arbres existantes et aussi pour l'ensemble des constituants de leurs biocénoses. Mais des potentialités naturelles sont compromises par certaines pratiques humaines telles que la forte emprise de la population sur les ressources en eau superficielle, les techniques et les pratiques culturales adoptées dans le bassin, la surexploitation des terres, ce qui conduit à une dégradation visible de l'environnement (Vissin, 2001).

De tout ce qui précède, il se dégage trois questions fondamentales : quels sont les facteurs responsables de l'érosion pluviale des terres agricoles dans le Sud du Bassin inférieur du Zou ? Quels sont les types de cultures pratiqués par les populations ? Et quelles sont les mesures antiérosives prises par les populations pour conserver les terres ? C'est dans le but de répondre aux questions que le sujet : « **Erosion pluviale et gestion des terres agricoles dans le sud du bassin inférieur du Zou** », est choisi dans le cadre de la rédaction d'un mémoire de maîtrise de géographie.

La présente étude s'est assignée trois objectifs spécifiques regroupés en un objectif global.

1.1.2. Hypothèses
Pour atteindre les objectifs, des hypothèses ont été émises. Au nombre desquelles, l'on peut citer :

- ✓ l'érosion pluviale des terres agricoles est due aux facteurs physiques dans le sud du bassin inférieur du Zou ;
- ✓ les systèmes de cultures pratiqués dans le sud du bassin inférieur du Zou contribuent à l'accélération de l'érosion pluviale ;

✓ des mesures antiérosives favorisent une meilleure gestion des terres agricoles.

Les hypothèses émises ont permis de fixer des objectifs.

1.1.3. Objectifs

Des objectifs ont été structurés en objectif global suivis des objectifs spécifiques.

1.1.3.1. Objectif global

La présente étude vise à analyser les manifestations de l'érosion pluviale et le mode de gestion des terres agricoles dans le sud du bassin inférieur du Zou.

1.1.3.2. Objectifs spécifiques

L'objectif global a permis de décliner trois objectifs spécifiques, il s'agit :

- ✓ d'identifier les facteurs physiques responsables de l'érosion pluviale des terres agricoles dans le sud du bassin inférieur du Zou ;
- ✓ d'analyser les systèmes de culture pratiqués dans le sud du bassin inférieur du Zou ;
- ✓ de proposer des mesures antiérosives pour une gestion durable des terres agricoles dans le sud du bassin inférieur du Zou.

De tout ce qui précède, il est important de faire la revue de littérature sur les différentes préoccupations que soulève la présente étude.

1.1.4. Revue de littérature

Plusieurs travaux ont abordé la problématique de l'érosion pluviale et de la dégradation des terres agricoles.

Ainsi, Aho et Kossou (1997) affirment que dans les régions intertropicales, l'abondance des pluies provoque le lessivage du sol et l'entraînement des couches superficielles par l'érosion; les rayons solaires s'élèvent par effet thermique, la température du sol, accélèrent la décomposition de l'humus et précipitent l'appauvrissement du sol en matière organique. Donc l'agriculteur soucieux de pérenniser son exploitation doit s'interdire la pratique de culture sur sol nu.

Murphy et Flewin (1993) ont abordé la question de l'érosion et ses conséquences sur les sols. Pour eux, lorsque le sol est entièrement dénudé, l'énergie cinétique du vent et de l'eau de pluie entraîne le déplacement des particules du sol. Ce qui entraîne par la suite l'appauvrissement du sol.

Prasuhn *et al.*, (2007) ont montré dans une étude menée en Suisse que l'érosion du sol est reconnue comme un problème public depuis les années 1991. En effet, pour lutter plus efficacement contre ce danger, ils ont procédé à l'établissement de la carte du risque d'érosion du sol et à l'aide de l'équation universelle de la perte de sol (Universal Soil Loss Equation), que l'érosion est plus agressive sur les terres assolées, labourées. Selon les mêmes auteurs, lorsque le labour du sol est entièrement remplacé par le semis direct et les jachères hivernantes par des cultures dérobées, le risque d'érosion du sol se réduit de deux tiers en moyenne par an.

Quant à Wade *et al.*, (2008), abondent dans le même sens qu'une bonne maîtrise des catastrophes naturelles telles que l'érosion hydrique passe par une bonne connaissance de la Télédétection et des SIG qui sont des outils indispensables pour mieux identifier les zones à risques. Selon les mêmes auteurs, il existe des facteurs qui contrôlent l'érosion hydrique à savoir le climat, les sols, la topographie, le couvert végétal et l'occupation du sol. Ces différents éléments permettent de mieux quantifier l'érosion hydrique. Ils soulignent que l'érosion hydrique ravine les sols de façon spectaculaire en entraînant la perte de terres habitables, arables et l'effondrement d'édifices publics et des maisons.

Batcho (2004*)*, a montré que l'érosion hydrique dans la ville de Dassa - Zoumè entraîne la dégradation de l'environnement et des infrastructures socio-économiques. Pour lui, la dégradation est due à la non maîtrise des eaux pluviales par les autorités locales et la population.

Agoïnon (2006), dans une étude morphodynamique du bassin versant de Tèwi au Bénin, a montré que le bassin a subi une forte dégradation du couvert végétal liée aux activités anthropiques à savoir l'agriculture, la recherche de bois d'œuvre et de bois de chauffe. Selon cet auteur, la dégradation de la végétation associée à la nature du sol et à la nature des pentes, témoignent de la présence du phénomène érosif dans le milieu.

Eldin et Milleville (1989) affirment que l'agriculture constitue en elle-même un risque. Pour eux, l'érosion d'un terrain dépend du risque « pluie intense » mais aussi de la contrainte « sol pentu » ou « état de surface vulnérable ». Pour eux, le risque de perte de fertilité est engendré par une gestion de l'écosystème qui ne respecte pas les stades d'adaptation de la forêt aux traumatismes provoqués par sa mise en exploitation (abattage des arbres et mise en culture). Young (1995) renchérit pour dire que la matière organique joue un rôle très important dans la reconstitution du sol. C'est pourquoi une foi brûlée, l'humus disparaît, une partie des éléments fertilisants est entraînée par l'eau de ruissellement. Ce qui entraîne l'appauvrissement du sol sous l'effet de l'érosion. Selon Bouegui (2008), l'érosion pluviale est un phénomène qui cause beaucoup de dégâts au Bénin. C'est pourquoi dans une étude menée à Gogounou, il a montré l'état de dégradation des habitations, des pistes et des surfaces cultivables dû à l'effet de l'érosion pluviale. Selon cet auteur, pour lutter plus efficacement contre l'érosion, il faut sensibiliser la population sur certaines pratiques agricoles et la délimitation des zones de passage des animaux.

Blavet et al., (1999) ont montré dans une étude sur la réduction des risques de ruissellement et d'érosion sous vigne en Ardèche (France méridionale) sous 18 pluies simulées ont testé six techniques culturales mises en place sur un sol brun calcaire contenant 40 % de cailloux dans sa partie supérieure. Selon les mêmes auteurs, l'étude a révélé que le paillage à 100 % et le sarclo-empierrage à 80 % des inter-rangs de vigne, peuvent réduire significativement les risques de ruissellement et d'érosion sous vigne grâce à leur rôle de protection de la surface contre la désagrégation et la fermeture de la porosité du sol. Par contre, les techniques les moins efficaces s'avèrent être le sarclo-dépierrage et le désherbage chimique.

De Noni et al., (2001) affirment que l'enherbement permet de réduire rapidement les pertes en terre lorsque des observations complémentaires sont nécessaires pour évaluer cette technique vis-à-vis du ruissellement en expérimentant sur une plus longue durée l'effet des différentes espèces végétales et des différents modes de préparation du sol.

Roose (1973) dans son étude portant sur les régressions liant le ruissellement et l'érosion à l'intensité maximale de trente-trois pluies en Côte D'Ivoire, a montré que le ruissellement et l'érosion ne se déclenchent que lorsqu' un seuil d'intensité pluviale est dépassé pendant une certaine durée. Selon Roose (1977), l'érosion qui était de 0,2 tonnes / hectare /an sous forêt et sous savane, augmente considérablement lorsqu'on dénude le sol pour mettre en culture, elle peut atteindre 120 tonnes / hectare /an pour des pentes de 7 % et 600 tonnes / hectare /an pour des pentes de 25 %. C'est pour montrer le rôle que jouent les pentes dans l'érosion des sols. Selon le même auteur, plus la pente est forte, plus l'érosion s'accentue.

L'ampleur des pertes de terre au Sud du Bénin est donc alarmante et mérite d'être prise au sérieux puisque dans les localités du Nord-Bénin, les risques d'érosion ne sont pas aussi élevés malgré le relief dominé par des collines plus ou moins importantes (Azontondé, 2001 ; Zounon, 2011). Selon ces auteurs, les pertes de terre du Centre au Nord du Bénin s'évaluent entre 15 et 23 tonnes / hectares / an sous couvert végétal puis de 25 et 32 tonnes / hectares / an sur sol nu.

La revue de littérature a permis de faire la synthèse des travaux effectués par certains auteurs sur la dégradation de l'environnement. Mais, il est important de mettre en exergue les manifestations de l'érosion pluviale et le mode de gestion des terres agricoles dans le sud du bassin inférieur du Zou. C'est ce qui justifie le choix de la présente étude. Pour cela, des clarifications conceptuelles ont été faites pour mieux cerner les contours du sujet.

1.1.5. Clarification des concepts

Pour mieux cerner les contours de la présente étude, des concepts ont été définis à savoir érosion, dégradation des sols, gestion, terre agricole, systèmes de cultures, bassin versant et agriculture.

Erosion : Ce mot vient du latin erodere qui signifie ronger. C'est l'ensemble des phénomènes externes /exogènes, qui à la surface du sol ou à faible profondeur, enlèvent une partie des terrains existants (sols et roches), entraînant une modification du relief (Dictionnaire thématique histoire et géographie, 2005). Selon le Dictionnaire d'Agriculture et des sciences annexes (1977), c'est l'action exercée par les agents climatiques (pluie, vent), souvent amplifiée par l'homme et qui a pour effet d'enlever la couche superficielle des sols et des roches meubles, ou de déplacer dans le sens de la pente des fractions de roches argileuses.

Sani Bako (1998) définit l'érosion comme étant le détachement et le déplacement des composantes du sol sous l'action de l'eau ou de l'air en mouvement. L'érosion hydrique ou pluviale résulte des mouvements de l'eau à la surface du sol ; l'érosion éolienne est due aux vents.

Roose (1999) définit l'érosion comme un ensemble de processus variable dans le temps et dans l'espace en fonction des conditions écologiques et des mauvaises conditions de gestion de la terre par l'homme.

Dans la présente étude, l'érosion pluviale est la perte des éléments nutritifs du sol sous l'effet de la pluie.

Dégradation des sols : Selon Roose (1994), un sol est dégradé à partir du moment où la perte de sol dépasse la quantité tolérée qui varie de 1 à 12 tonnes/ha/an en fonction du climat, du type de roche et de l'épaisseur des sols. Selon Sani Bako (1998), l'érosion des sols constitue une des formes principales de dégradation, en raison des impacts agronomiques environnementaux. Dans le langage courant, la dégradation, sous-entend l'action de l'homme qui, pour satisfaire des besoins, agit sur la dynamique évolutionniste des sols et provoque leur destruction.

Dans la présente étude, les terres dégradées sont des terres qui suite aux actions anthropiques ou autres catastrophes naturelles, ne répondent plus aux attentes des paysans comme par le passé.

Terre agricole : C'est une terre propice à la culture (le Petit Larousse, 1996). C'est une terre qui assure une bonne production agricole. La gestion des terres agricoles dans le cadre de la présente étude, est le maintien et la conservation durable des terres agricoles mises en valeur par les agriculteurs pour accroître leur production.

Systèmes de cultures : Le concept de système de culture regroupe les liens qui existent entre les actes et les techniques mis en œuvre successivement sur une parcelle agricole (Meynard et al., 2001). Selon Zounon (2011), les systèmes de cultures désignent les différentes cultures ainsi que les techniques d'exploitation du sol adoptées par les populations d'une localité donnée.

Dans le cadre de la présente étude, c'est l'ensemble des techniques mises en œuvre par les populations pour gérer au mieux les surfaces cultivables.

Bassin versant : Le concept de bassin versant varie d'un auteur à un autre. Pour Sheng cité par Doto (2007), c'est une zone topographiquement délimitée qui est drainée par un système fluvial et correspond donc à la surface totale des terres drainées en un point donné d'un fleuve ou d'une rivière. Il s'agit donc d'une entité hydrologique utilisée pour la planification et la gestion des ressources naturelles. Selon le même auteur, un bassin versant est une zone dans laquelle toutes les eaux s'écoulent vers une même voie de drainage ou nappe d'eau.

Des deux définitions, on constate que la mise en évidence du problème fondamental rencontré dans un bassin versant est le phénomène d'érosion. Dans le cas de la présente étude, le bassin versant d'un cours d'eau permanant ou temporaire est l'aire délimitée par le contour à l'intérieur duquel l'eau précipitée se dirige vers un point donné du cours d'eau appelé exutoire.

Agriculture : C'est une activité économique ayant pour objet la transformation et la mise en valeur du milieu naturel afin d'obtenir les produits végétaux et animaux utiles à l'homme, en particulier ceux destinés à son alimentation (le Petit Larousse, 1996).

Selon Aho et Kossou (1997), l'agriculture est l'art de mettre en œuvre les méthodes par lesquelles l'homme peut tirer du milieu dans lequel il vit à l'aide du sol, de la plante et de l'animal, et dans les meilleures conditions possibles, les produits nécessaires à la satisfaction des besoins.

Dans le cadre de la présente étude, l'agriculture est une activité qui permet à l'homme de subvenir aux besoins quotidiens en s'appuyant sur le milieu naturel (sols, eaux, plantes, animaux).

Après avoir clarifié les concepts, il est important de présenter le milieu d'étude.

1.2. Milieu d'étude
Il comporte la présentation du milieu d'étude, les caractéristiques physiques et humaines.

1.2.1. Présentation du milieu d'étude
Localisé au sud du département du Zou, le sud du bassin inférieur du Zou est un sous-bassin versant du Zou qui couvre la plus grande partie de la plaine inondable et une superficie de 1452, 88 km². Il est situé entre 7° 03' 20'' et 7° 35' 56''de latitude nord, entre 2° 05' 40'' et 2° 27' 21'' de longitude est. Il est limité au nord par le bassin inférieur de l'Agbado, au nord-ouest par le sous-bassin du Petit Kouffo, au sud-ouest par le bassin du Couffo et à l'est par le bassin de l'Ouémé (Le Barbe *et al.*, 1993 ; Agoïnon, 2012) (Figure1).

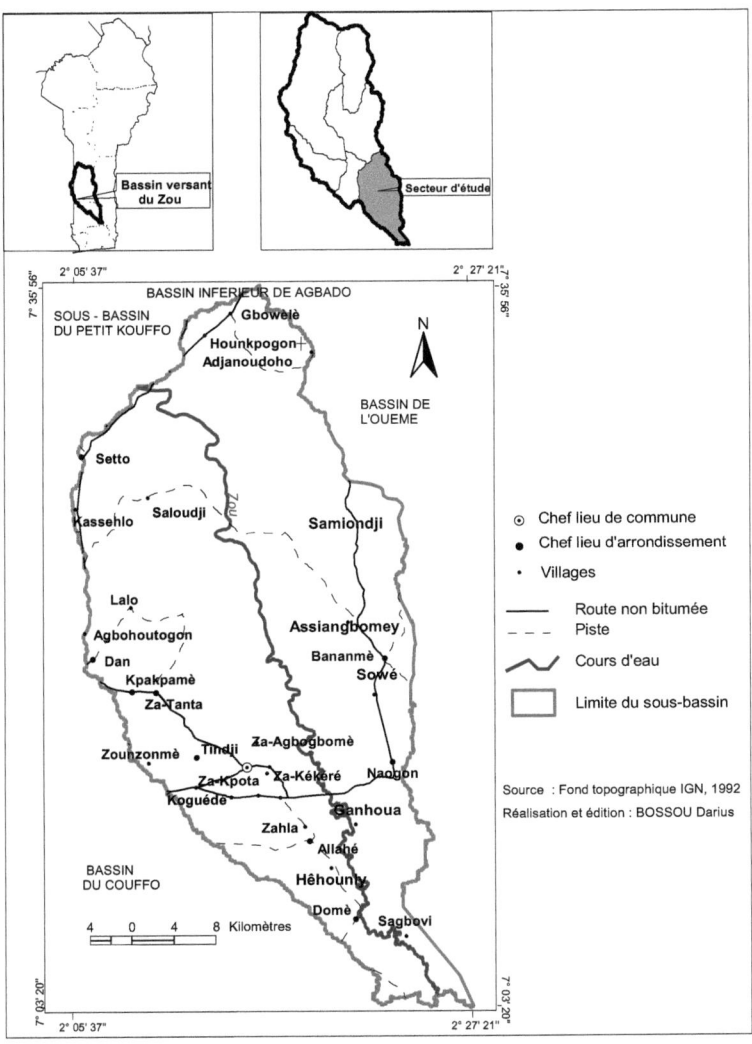

Figure 1 : Situation géographique du secteur d'étude

1.2.2. Caractéristiques physiques
1.2.2.1. Climat
Le sud du bassin inférieur du Zou est une portion du bassin du Zou. Le secteur d'étude, du point de vue climatique, s'inscrit dans le climat subéquatorial à quatre saisons. Il est relativement arrosé et constitue pour l'essentiel une zone où s'estompent les influencent de la mousson du sud-ouest, et de l'alizé continental appelé harmattan du nord-est (Lokonon, 2011).

La présence du climat montre une agressivité du milieu face aux effets de l'érosion pluviale qui exposent les sols à une dégradation.

1.2.2.2. Précipitations
Le sud du bassin inférieur est caractérisé par quatre saisons :
- ✓ une grande saison pluvieuse d'avril à juillet ;
- ✓ une petite saison sèche de juillet à août ;
- ✓ une petite saison pluvieuse de septembre à octobre ;
- ✓ une grande saison sèche de novembre à mars.

Le rythme pluviométrique est de type bimodal. La variation des saisons est déterminée par le déplacement du Front Intertropical (FIT) au cours de l'année.

Les données pluviométriques de 1960 à 2010 ont été obtenues à la station de Zagnanado. Elles ont permis d'apprécier la répartition de la pluie au cours des différentes années. La figure 2 montre l'évolution du régime mensuel de pluie dans le secteur d'étude.

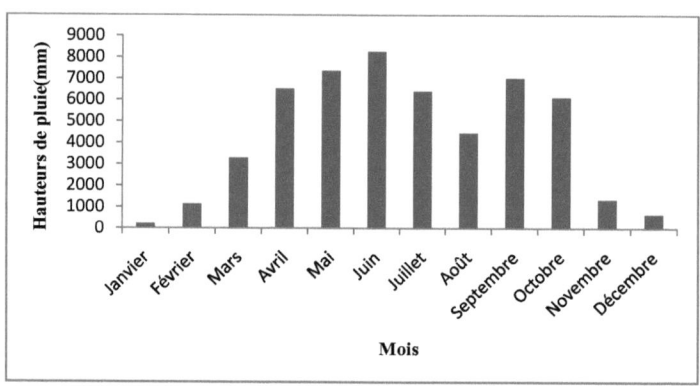

Figure 2 : Pluviométrie mensuelle de 1960 à 2010.
Source : ASECNA, 2010

L'analyse de la figure 2 montre que les mois les plus arrosés au cours de la grande saison des pluies sont avril, mai, juin et juillet. Les mois les moins arrosés au cours de la petite saison pluvieuse sont septembre et octobre. Tandis que la grande saison sèche commence de novembre à mars et la petite saison sèche commence de mi - juillet à août. Il faut noter que c'est une zone bien arrosée qui subit les effets de l'érosion pluviale et aussi est favorable au développement des cultures de contre saison avec des apports de sédiments par endroit.

1.2.2.3. Température

Le sud du bassin inférieur du Zou connait des moments de fortes températures caractérisés par des températures maximales, minimales et moyennes. Pour apprécier les différents paramètres, la station de Zagnanado a été utilisée (figure 3).

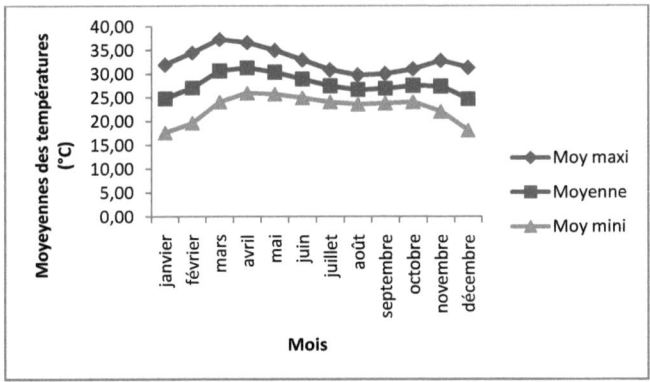

Figure 3 : Température moyenne mensuelle
Source : ASECNA, 2010

L'analyse de la figure 3 montre que les températures les plus élevées (températures maxima) sont enregistrées pendant les mois de février, mars, avril et mai avec des valeurs allant de 32° C à 40° C. Tandis que les températures les plus basses (températures minima) sont observées dans les mois de juin, juillet, août, septembre et septembre pour des valeurs oscillant autour de 20° C à 23° C. Les différentes températures ont permis de faire la distinction entre les mois les plus secs et les mois humides.

1.2.2.4. Relief
Le secteur d'étude est situé sur les plateaux d'Abomey et de Zagnanado, avec des altitudes respectives de 260 et 102 mètres (Boko *et al.*, 2004). Selon ces auteurs, les plateaux sont séparés par la vallée du Zou constituée de terrasses fluviatiles utilisées soient comme des sites d'habitats, soient comme des surfaces cultivables. Tous ces éléments subissent des effets de l'érosion pluviale car les sites et surfaces cultivables sont dépourvus de végétation qui les expose à toute forme de dégradation.

1.2.2.5. Géologie et Sols
Le sud du bassin inférieur du Zou est dominé au nord-ouest et au centre (secteur de Djidja) par le groupe de Pira (migmatites), au nord-est et au centre (secteur de Zagnanado et Covè) par les granites syntectoniques calco-alcalins. Le centre du secteur est couvert par le Continental Terminal composé de sable, d'argile et grès, le sud-ouest par le crétacé supérieur indifférencié du grès de Kandi maestrichtien, et le sud-est est marqué par la couverture sédimentaire récente de nature sablo-argileuse (Boko *et al.*, 2004) (figure 4).

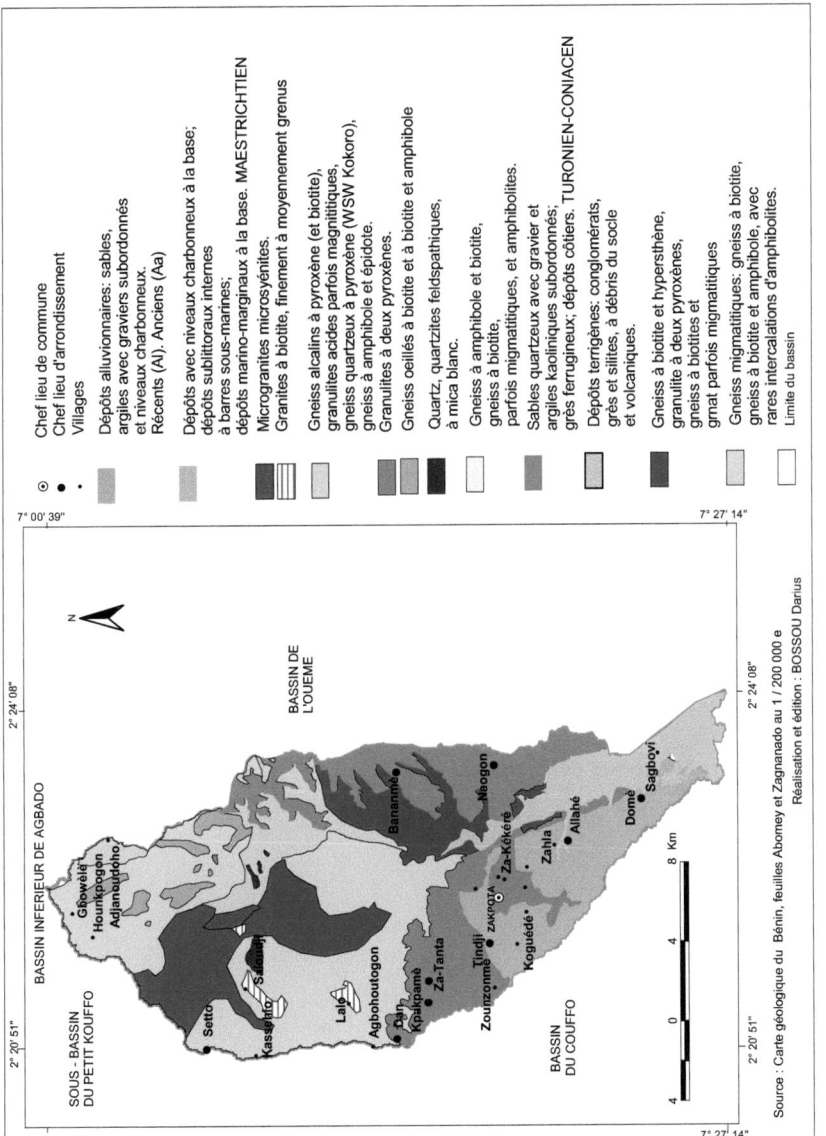

Figure 4 : Formations géologiques du secteur d'étude

Le secteur d'étude présente une variété de sols, répartit en fonction des conditions topographiques et édaphiques du milieu. Les sols répartis en trois grandes catégories qui sont :

- ✓ les sols ferrugineux tropicaux lessivés formés sur des terrains cristallins. Ce sont des sols concrétionnés ou gravillonnaires, faisant apparaître des cuirasses par endroit. Ils sont soumis à un fort lessivage en raison de leur richesse en sable fin et en limon, et à cause de leur faible structuration ;
- ✓ les sols ferrallitiques sur grès et matériau colluvial ou sédiments argilo-sableux du continental terminal qui sont des sols profonds plus ou moins rubéfiés. Ils présentent une forte individualisation des sesquioxydes de fer et d'aluminium, et une dominance d'argile de type kaolinite. Des sols qui étaient fertiles à l'origine sont actuellement épuisés par la surexploitation et ce qui les soumet à toutes sortes de risques d'érosion pluviale ;
- ✓ les sols hydromorphes à pseudo-gley sur sable, puis à pseudo-gley sur matériau alluvial argileux des vallées et des plaines argileuses caractérisées par un engorgement. Ils se trouvent le long des cours d'eau, sur les bas - versants et dans les dépressions. En période de crue, les sols sont gorgés d'eau et en période d'étiage, ils perdent toutes leurs eaux et se fendillent, ce sont des vertisols.

De tout ce qui précède, les sols ferrugineux et les sols ferrallitiques sont les vulnérables aux effets de l'érosion pluviale.

La figure 5 montre la répartition des différents sols.

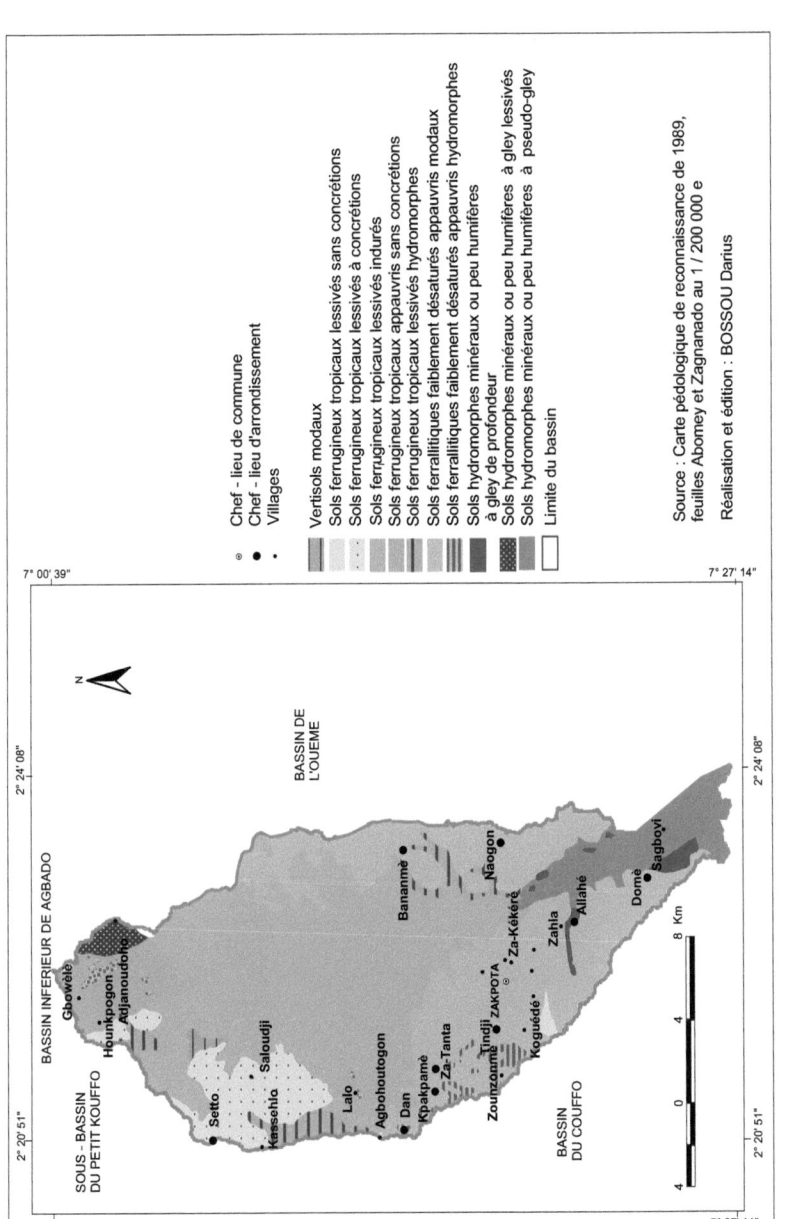

Figure 5 : Formations pédologiques du secteur d'étude

1.2.2.6. Hydrographie

Le sud du bassin inférieur du Zou est parcouru par le Zou et certains de ses affluents. Le Zou prend sa source près de Bantè dans le département des collines (Le Barbe *et al.,* 1993). Il parcourt le socle précambrien sur environ 100km avant d'aborder la terre de barre sur près de 50km, puis se jette dans l'Ouémé à la latitude de Bonou. Il a un régime de type tropical avec une seule période de hautes eaux qui s'étend de juillet à octobre. Son débit atteint sa valeur maximale pendant cette période et peut atteindre les 100m^3/s à Atchérigbé (Bossa, 2007 ; Lokonon, 2011). Le secteur est drainé par plusieurs cours d'eau qui favorisent la mise en place d'une végétation et le développement de certaines activités comme les cultures de contre saison, la pisciculture, la pêche.

Le réseau hydrographique et la topographie du milieu ont permis de réaliser la carte orohydrographique, comme le montre la figure 6.

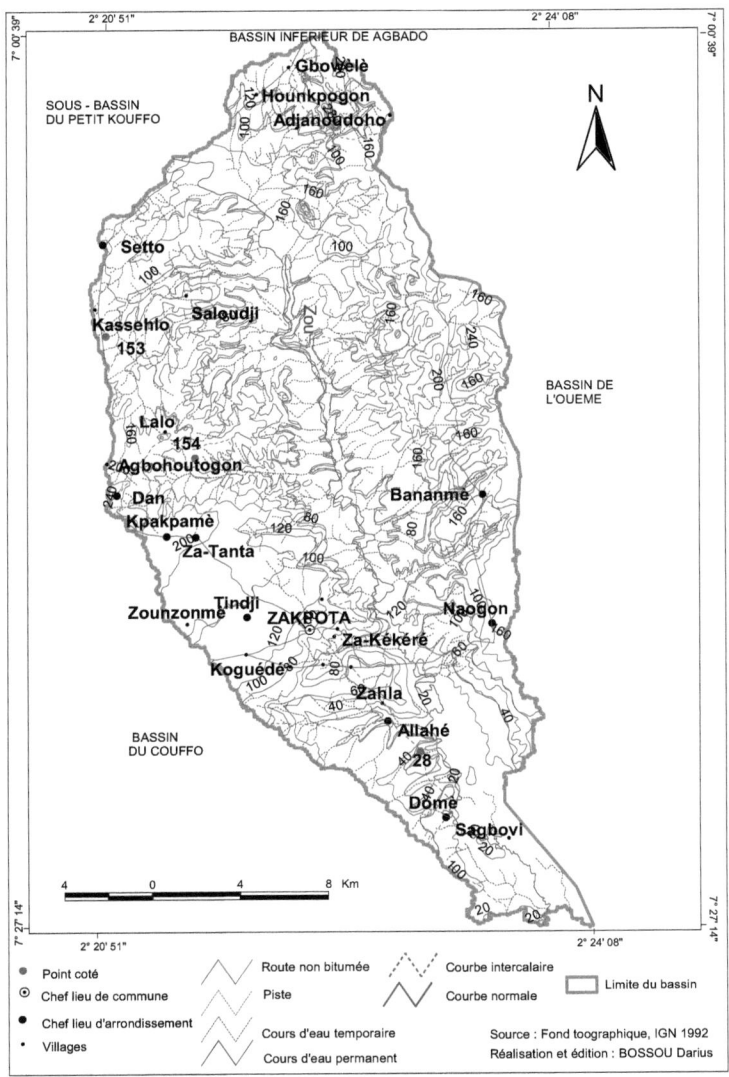

Figure 6 : Orohydrographie du secteur d'étude

L'analyse de la figure 6 montre la rivière Zou avec des cours d'eau permanent et temporaire est reliée par des courbes de niveau. Les courbes de niveau sont serrées et espacées par endroits, ce qui montre que les pentes sont fortes et moyennes. De tout ce qui précède, l'on peut déduire que les cours d'eau sont encaissés. Ce qui témoigne de la présence d'un plateau.

Après avoir analysé l'orohydrographie du secteur d'étude, il est important de montrer le rôle de la végétation dans la préservation de l'environnement.

1.2.2.7. Végétation

Le paysage végétal est la résultante des aptitudes pédologiques, des caractéristiques climatiques et de l'emprise humaine. Il est constitué de plusieurs formations à savoir les forêts galeries, les forêts claires, les forêts denses, les savanes herbeuses, les savanes arborées et des formations saxicoles.

La dégradation de certaines formations par endroit, laisse place à des plantations, des champs, des mosaïques de culture et jachères.

Certaines essences forestières s'observent telles que *ceiba pentandra* (Fromager), *Daniellia oliveri* (Copalier africain), *Anogeissus leiocarpa* (Hlihon), *Casia siamea* (Acacia), *Vitellaria paradoxa* (Karité), *Isoberlinia doka* (Doka), *Parkia biglobosa* (Néré), *Mangifera indica* (Manguier), *Prosopis africana* (Prosopis), *Raphia hookeri* (Raphia), *Annona senegalensis* (Corossol sauvage), *Milicia excelsa* (Iroko), *pterocarpus santalinoides* (Gbègbètin), *cynometra megalophylla* (Botin), *Afzelia africana* (Lingué), *Acacia auriculiformis* (Acacia), *Eucalyptus camaldulensis* (Eucalyptus), *Tectona grandis* (Teck), etc. La présence des espèces végétales favorisent un ralentissement de l'effet de l'érosion pluviale par la réduction de l'impact des gouttelettes de pluie sur le sol.

L'étude de la végétation a permis de déduire la dynamique de la population dans le secteur d'étude.

1.2.3. Caractéristiques humaines
1.2.3.1. Dynamique de la population

Le secteur d'étude étant un sous - bassin du bassin versant du Zou couvre les communes de Djidja, de Covè, de Za-Kpota et de Zagnanado.

Deux Arrondissements Banamè (Commune de Zagnanado) et Allahé (Commune de Za-kpota) ont été choisis pour définir les trois sites d'expérimentation. Le choix a été fait compte tenu de leur proximité par rapport aux cours d'eaux qui présentent des comportements temporaires pendant la saison sèche et donnent accès de part et d'autre aux deux rives.

Au plan démographique, il faut souligner une évolution de la population dans les différents Arrondissements. Selon le Recensement Général de la Population et de l'Habitation (RGPH), la population de 1979 était de 4235 habitants à Allahé, et de 5443 habitants à Banamè (RGPH 1). Selon le RGPH 2, la population était de 5269 habitants à Allahé et de 8055 habitants à Banamè. Selon le RGPH 3, la population est passée à 6903 habitants à Allahé et de 11369 à Banamè. Pour cela une estimation de la population a été faite sur treize années afin de mieux apprécier l'évolution. Cette croissance entraîne une dégradation des terres agricoles. La figure 7 montre l'évolution de la population sur les différentes années évaluées.

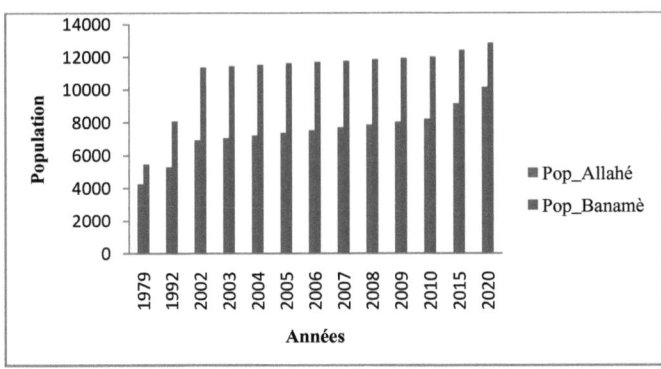

Figure 7 : Évolution de la population des deux arrondissements
Source : INSAE, 2002

De l'analyse de la figure 7, il faut retenir que la population des différentes localités a presque doublé voire triplé chaque dix ans. Cette augmentation de la population expose donc les sols aux effets de l'érosion pluviale, car une fois la végétation détruite, l'érosion devient plus agressive.

1.2.3.2. Activités socio-économiques

Selon les différentes enquêtes, la majorité de la population du sud du bassin inférieur du Zou est agriculteur.

Les principales cultures vivrières pratiquées sont les céréales, les racines et tubercules, les légumineuses, les cultures maraîchères et les cultures de rentes.

- ✓ Les céréales sont *Zea mays, Sorghum vulgare, Oriza sativa.*
- ✓ Les racines et tubercules sont *Manihot esculenta, Discorea sp, Ipomea batalas* et *Colocasia esculenta.*
- ✓ Les légumineuses sont *Soja hispida, Vigna unguiculata, Cajanus cajan, Voandzeia subterranea.*
- ✓ Les cultures maraîchères sont *Lycopersion esculentum, Abelmoschus esculentus),Capsicum annum.*
- ✓ Les cultures de rentes sont *Arachis hypogea, Elaies guineensis, Gossypium hirsutum, Anacardium occidentale, Ananas comosus.*

Les pratiques agricoles exposent les sols aux effets de l'érosion pluviale et entraînent leurs appauvrissements.

Les agriculteurs plantent aussi des essences forestières telles que *Tectona grandis, Eucalyptus camaldulensis, Acacia auriculiformis, Citrus aurantium* pour leur valeur économique.

Le chapitre 1 a permis d'avoir une idée claire des grandes questions relatives aux phénomènes d'érosion pluviale abordés par certains auteurs et une connaissance générale du secteur d'étude. Tout cela a abouti à une démarche méthodologique adoptée.

CHAPITRE II : MATERIEL ET METHODE

Pour atteindre les objectifs fixés, une démarche méthodologique a été adoptée. Elle a consisté à l'utilisation des matériels et techniques pour la collecte des données, leur traitement et analyse.

2.1. Matériel

Pour mener la présente étude, des matériels ont été utilisés. Au nombre desquels:

- une carte topographique du bassin du Zou, aux feuilles d'Abomey et de Zagnanado au 1/200 000 pour délimiter le secteur d'étude ;
- une carte géologique à l'échelle de 1 / 50 000 pour connaître les caractéristiques des différentes roches mises en place ;
- les photographies aériennes du CENATEL et les images satellitaires LANDSAT ETM 1995 et LANDSAT ETM 2006 à l'échelle de 1/ 1000 000 pour établir les cartes d'occupation du sol ;
- un GPS de navigation (Global Positioning System) pour prendre les coordonnées géographiques ;
- des pièges à sédiments pour apprécier les particules transportées par les agents d'érosion dans le sud du bassin inférieur du Zou ;
- des piquets d'érosion pour mesurer l'épaisseur de terres érodées ou accumulées ;
- un marteau pour enfoncer des piquets d'érosion dans le sol ;
- un coupe-coupe pour délimiter des espaces favorables à cette étude ;
- un pentadécamètre pour la mesure et l'installation des différents pièges à sédiments et piquets d'érosion;
- un papier millimétré pour la réalisation du dessin parcellaire et du profil agroécologique ;

- un appareil photographique numérique de 12 méga pixels de marque Samsung pour la prise de photographies sur le terrain ;

- un clinomètre pour le levé topographique (mesure des pentes le long des transects) ;

- des sachets pour le prélèvement de sol dans les pièges à sédiments ;

- des fiches pour relever des données relatives à la pluviométrie, au départ et accumulations de sédiments.

L'identification des matériels a permis de mettre en exergue la technique ayant servi à la collecte des données.

2.2. Méthode

Elle est basée sur trois points essentiels à savoir :

- ✓ collecte des données ;
- ✓ traitement des données ;
- ✓ analyse des données.

2.2.1. Collecte des données

Pour collecter les données, plusieurs techniques ont été utilisées à savoir la recherche documentaire et les travaux de terrain.

2.2.1.1. Recherche documentaire

Elle a consisté à visiter des centres de documentation afin de consulter quelques ouvrages généraux et spécifiques relatifs au thème. Le tableau I présente les centres de documentation et les types d'informations recueillies.

Tableau I : Synthèse de la recherche documentaire.

Centre de documentation	Nature des documents	Types d'informations recueillies
Bibliothèque centrale de l'UAC	Mémoires, rapports, articles, thèses	Informations générales sur le secteur d'étude, les problèmes liés à l'érosion
Bibliothèque de la FLASH	Mémoires, rapports, articles, thèses	Informations générales sur le secteur d'étude, les problèmes liés à l'érosion
Institut Géographique National (IGN)	Carte topographique du secteur d'étude	Information de base sur le secteur d'étude
INSAE	Données statistiques sur la population	Information sur la démographie de la population
Bibliothèque de la FSA	Mémoires, rapports, articles, thèses	Informations générales sur le secteur d'étude, les problèmes liés à l'érosion et la gestion des terres agricoles
Bibliothèque du MEHU	Mémoires, rapports, articles, thèses	Informations générales sur le secteur d'étude
LABEE	Mémoires, rapports, articles, thèses	Informations générales sur le secteur d'étude, les problèmes liés à l'érosion pluviale
ASECNA	Rapports d'étude et livres	Données climatiques, pluviométriques
CeCPA	Rapport d'étude et livres	Données sur la production agricole et données pluviométriques
CENATEL	Livres et rapports	Les unités d'occupations du sol
LESSEE	Livres et rapports	Les données pédologiques

Source : Enquête de terrain, avril 2011

Le tableau I a permis d'avoir des documents qui présentent des informations relatives à l'érosion pluviale et leurs conséquences sur les terres agricoles.

2.2.1.2. Travaux de terrain

Ils ont été effectués sur deux périodes de janvier à février 2011 et de avril à octobre 2011.

La période de janvier à février correspond à la saison sèche, période au cours de laquelle des mesures altimétriques ont été effectuées sur le terrain.

La période de avril à octobre correspond à la saison des pluies, où la collecte des données floristiques, morpho-pédologiques e hydrologiques ont été réalisées.
Pour mieux apprécier, les caractéristiques topographiques et données, des transects ont été réalisés.

✓ **Réalisation des transects**

Dans le but de prendre connaissances des caractéristiques topographiques, morpho-pédologiques et des unités d'occupation du sol, trois transects ont été réalisés dans trois villages (Assiangbomey, Sowé et Hêhounly).

Un transect est une ligne tracéetraversant le bras d'un cours d'eau de façon perpendiculaire. Tout au long du transect, des mesures des pentes longitudinales et transversales des différents bras du cours d'eau Zou ont été prises à l'aide d'un clinomètre. Le profil agro-écologique est réalisé à partir des données de pente régulièrement collectées suivant les ruptures de pente, les unités morphologiques le long du transect.

En fonction des ruptures de pente, les différentes facettes topographiques ont été identifiées. La figure 8 montre les bras de cours d'eau échantillonnés dans le bassin inférieur du Zou

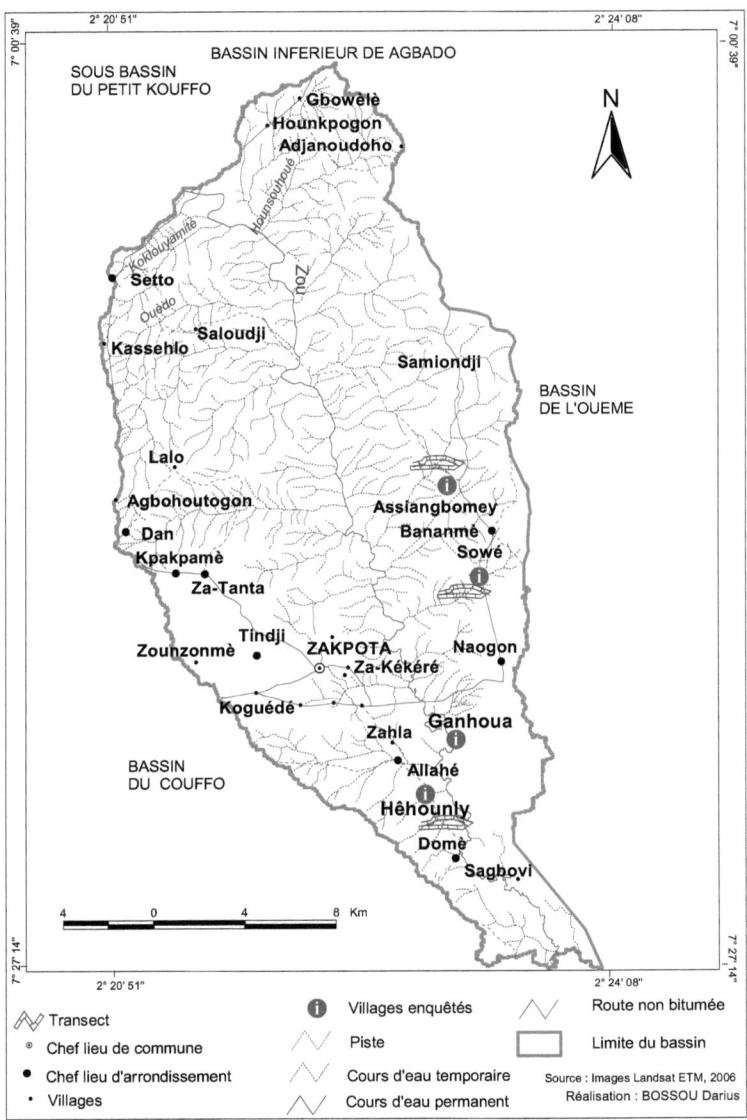

Figure 8 : Echantillonnage du secteur d'étude

L'analyse de la figure 8 montre des bras de cours d'eau temporaires du Zou qui ont favorisés la réalisation des différents transects dans les villages enquêtés.

Les villages ont été choisis compte tenu de la forte vulnérabilité du milieu aux effets de l'érosion pluviale et de l'accessibilité des différents cours en saisons sèche et pluvieuse.

Pour une meilleure collecte des informations, il est nécessaire de procéder au choix de la population cible et de l'échantillonnage.

❖ Population cible

Compte tenu de la diversité des informations à recueillir et de la multiplicité des enquêtés, la population cible est composée de :

- ✓ des agents de CeCPA ;
- ✓ des ménages agricoles ;
- ✓ des forestiers ;
- ✓ des ONG intervenant dans le domaine de la restauration des sols.

❖ Echantillonnage

La technique d'échantillonnage adoptée est l'échantillonnage non aléatoire ou méthode non probabiliste. Elle consiste à donner la chance à toutes les personnes enquêtées.

Les enquêtes socio-économiques ont été faites essentiellement dans les villages où les transects sont réalisés et aussi de l'ampleur des effets de l'érosion pluviale sur les terres agricoles. A cet effet, quatre villages ont été enquêtés à savoir Assiangbomey, Sowé situés dans l'Arrondissement de Banamè ; et Hè-hounly, Ganhoua dans l'Arrondissement de Allahè.

Des guides d'entretiens ont été utilisés à l'endroit des agents de CeCPA, des forestiers et des ONG. Au total, six agents ont été interrogés dans l'ensemble des villages.

Pour constituer l'échantillon, il a été appliqué un taux de sondage de 10 %, soit un total de cent quatre (104) ménages agricoles.

La répartition des ménages agricoles s'est faite en fonction de la taille de chaque ménage agricole dans l'ensemble des villages. Le tableau II présente la répartition des ménages agricoles enquêtés.

Tableau II : Répartition des ménages agricoles enquêtés

Villages	Ménages agricoles de chaque village (RGPH, 2002)	Ménages agricoles interrogés	Pourcentage des ménages agricoles interrogés (%)
Assiangbomey	566	56	10
Sowé	137	14	10
Hè-hounly	168	17	10
Ganhoua	171	17	10
Total	**1042**	**104**	**10**

Source : enquête de terrain, avril 2011.

Il ressort du tableau II que c'est dans le village Assiangbomey que plus de ménages agricoles ont été enquêtés avec un effectif de 56 personnes contre seulement 14 à Sowé.

2.2.2. Traitement des données

Les données recueillies sur le terrain ont été dépouillées manuellement et codifiées avant être traitées à l'ordinateur. Le logiciel Word 2007 a permis la saisie des données et le logiciel Excel 2007 a favorisé la réalisation des tableaux, des graphiques, des camemberts. Puis, le logiciel Arc View 3.2 a permis la réalisation des cartes thématiques, des profils agro écologiques et le calcul des superficies des différentes unités d'occupation du sol de 1995 et 2006.

2.2.3. Analyse des données

Les diagrammes, cartes, tableaux et camemberts ont été réalisés pour l'analyse et l'interprétation des données issues des enquêtes socio - économiques.

Pour analyser les données liées à l'évolution du paysage, une étude diachronique a été faite pour apprécier l'état d'évolution des différentes unités du secteur d'étude.

2.2.3.1. Analyse diachronique
L'étude diachronique s'est déroulée en trois séquences :

- ✓ **Cartes d'occupation du sol de 1995 et 2006**

Les cartes d'occupation du sol ont été respectivement réalisées à partir de l'interprétation des photographies aériennes issues du CENATEL de 1995 et 2006 à l'échelle 1/1 000000; des images satellitaires LANDSAT ETM de 1995 et 2006 à l'échelle de 1/1 000000.

- ✓ **Cartographie de la dynamique de l'occupation du sol**

Elle consiste à superposer les cartes issues des états de l'occupation du sol en 1995 et 2006 afin d'établir la dynamique de l'occupation du sol entre ces deux états. Les synthèses issues de l'occupation du sol en 1995 et 2006 ont été regroupées dans des tableaux afin de faire ressortir les progressions et les régressions enregistrées au niveau de chaque unité d'occupation du sol.

- ✓ **Analyse diachronique proprement dite**

Elle permet d'apprécier l'évolution des unités d'occupation du sol à différentes périodes.

Soit U-1995, la superficie d'une unité d'occupation du sol en 1995 désignée par (U1) ;

Soit U-2006, la superficie de la même unité d'occupation du sol en 2006 désignée par (U2) ;

Soit $\Delta U = U2-U1$, la variation de la superficie de cette unité d'occupation du sol entre 1995 et 2006 ;

Pour les unités d'occupation du sol, on peut assister à l'un des trois changements d'états suivants :

Si $\Delta U = 0$ il y a stabilité ;

Si $\Delta U < 0$, il y a évolution régressive ;

Si $\Delta U > 0$, il y a évolution progressive.

Par rapport à la végétation naturelle, il y a évolution régressive en cas de contraction ou diminution et évolution progressive en cas d'extension.

La technique a permis de suivre l'évolution des différentes unités d'occupation du sol.

L'analyse des données a permis aussi d'évaluer la quantité de terres perdues.

2.2.3.2. Evaluation des pertes de terre

Pour évaluer les pertes de terre, trois sites ont été identifiés en fonction des objectifs fixés. Les pertes de terre ont été évaluées grâce à un ruban π qui a servi à mesurer les piquets d'érosion après chaque précipitation.

- ✓ Le premier site se trouve dans le village Assiangbomey où des piquets d'érosion et des pièges à sédiments ont été installés sur une superficie de 47350m² (473,5 m de long sur 100 m de large). Au total, 8 piquets d'érosion et 8 pièges à sédiments ont été installés afin d'apprécier les départs de sédiments.
- ✓ Le second se situe dans le village de Sowé où des piquets d'érosion et des pièges à sédiments ont été installés sur une superficie de 30460 m² (304,60 m de long sur 100 m de large). Au total, 8 piquets d'érosion et 8 pièges à sédiments ont été installés afin d'apprécier les départs de sédiments.
- ✓ Le troisième se trouve dans le village de Hêhounly où des piquets d'érosion et des pièges à sédiments ont été installés sur une superficie de 36110 m² (361,10 m de long sur 100 m de large). Au total, 7 piquets d'érosion et 7 pièges à sédiments ont été installés afin d'apprécier les départs de sédiments.

Il faut aussi noter que des sondages pédologiques ont été effectués sur une profondeur de 5cm afin d'apprécier la texture et la structure du sol sur chaque site.

Les sédiments piégés sur les différents sites ont été recueillis dans des sachets, séchés et pesés à l'aide de la balance électronique de marque KERN, avec une portée maximale de 12 kg et une précision de 1 g au laboratoire le LHME.

2.2.3.3. Présentation du dispositif expérimental

Le dispositif concerne les piquets d'érosion et les pièges à sédiments.

❖ Piquet d'érosion

C'est une tige de bois d'une longueur de 75 cm. Elle est constituée de deux parties : une partie appelée pointe de 15 cm qui permet la fixation de la tige et une partie supérieure de 50 cm, graduée suivant un pas de 5 cm du bas vers le haut.

Après chaque précipitation, l'on procède à la mesure des piquets d'érosion afin d'apprécier la quantité de sédiments au niveau de chaque site. Dans ce cas, deux possibilités de résultats sont envisagées :

✓ Lorsque la longueur de la partie supérieure (aérienne) de la tige avant la pluie est inférieure à celle après la pluie, alors il y a départ de sédiments.

✓ Lorsque la longueur de la partie supérieure (aérienne) de la tige avant la pluie est supérieure à celle après la pluie, alors il y a accumulation de sédiments (photo 1).

Photo 1 : piquet d'érosion dans une jachère à Assiangbomey
Prise de vue : Bossou, avril 2011.

L'analyse de la photo 1 montre en avant plan un piquet d'érosion enfoncé dans le sol pour évaluer l'accumulation et le lessivage de sédiments. En arrière-plan, l'on observe des formations herbacées.

❖ **Piège à sédiments**

C'est une boîte de 10 cm de diamètre et de 11 cm de hauteur. La partie supérieure de la boîte est ouverte et la partie inférieure est perforée de deux trous à l'intérieur de laquelle un filet permet de piéger les sédiments. La boîte est enfoncée dans un trou de sorte que le bord supérieur affleure le sol. Les sédiments piégés au niveau de chaque site sont séchés et pesés à l'aide de balance de marque KERN afin d'apprécier les pertes de terre enregistrées (photo 2).

Photo 2 : piège à sédiments dans une teckeraie à Assiangbomey
Prise de vue : Bossou, avril 2011

L'analyse de la photo 2 montre en avant-plan un piège à sédiments affleurant le sol et qui permet de capter les pertes de terre après chaque pluie. Et en arrière-plan, un sol presque nu.

Le chapitre 2 a permis de prendre connaissance des matériels utilisés pour la réalisation des travaux de terrains et les techniques utilisées pour collecter les données ayant abouti aux résultats de la présente étude.

CHAPITRE III : RESULTATS ET DISCUSSIONS

Le présent chapitre aborde les déterminants physiques de l'érosion pluviale, expose les systèmes de cultures, propose des approches de solution et la discussion.

3.1. Déterminants physiques de l'érosion pluviale

3.1.1. Précipitation

La pluviométrie est un facteur déterminant de l'érosion pluviale. Elle varie d'une date à une autre. Cela montre que le milieu est très arrosé et dégradé par les eaux de pluie.

La figure 9 montre les hauteurs de pluie enregistrées sur l'ensemble des trois sites.

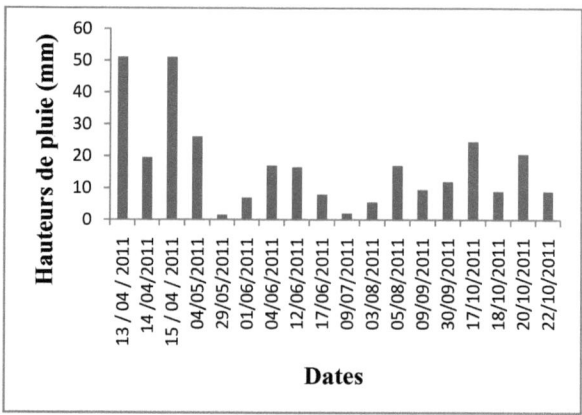

Figure 9 : Hauteurs de pluie journalières enregistrées sur les sites.
Source : Travaux de terrain et CeCpA, 2011

L'analyse de la figure 9 montre que les journées les plus arrosées sont 13, 14,15 avril ; 4 mai ; 4, 12 juin ; 5août ; 17 et 20 octobre. Tandis que les journées les moins arrosées sont 29 mai ; 1 juin ; 9 juillet ; 9 et 30 septembre ; 18 et 22 octobre. Il faut noter qu'à chaque pluie journalière, l'on enregistre des pertes et des gains de sédiments. Cela montre que le milieu subit les effets de l'érosion pluviale et une dégradation de l'environnement.

Les photos 3 et 4 montrent respectivement des terres dégradées et des habitations déchaussées par les eaux pluviales.

Photo 3 : Terre érodées à Assiangbomey
Prise de vue : BOSSOU, Octobre 2011

L'analyse de la photo 3 montre en avant -plan, une terre érodée sous l'action des eaux de pluie et des tas d'ordures transportées par les eaux de ruissellements. Tandis qu'en arrière - plan des formations végétales.

Photo 4 : Déchaussement d'une habitation à Assiangbomey
Prise de vue : BOSSOU, Octobre 2011

L'analyse de la photo 4 montre une maison déchaussée par les eaux de pluie et des bois mis en place par les populations pour lutter contre l'érosion pluviale.

Les différentes photos 3 et 4 montrent que les eaux de pluie causent la dégradation de l'environnement.

3.1.2. Topographie

La topographie est un élément important dans la quantification des effets de l'érosion pluviale. Elle a permis d'apprécier les départs et accumulations des sédiments sur les différents sites expérimentés. Les facettes topographiques sont dominées par des sommets et versants sur l'ensemble des sites. Pour mieux apprécier la topographie, des transects ont été réalisés sur les trois sites.

✓ Cas du site d'Assiangbomey

Le transect d'Assiangbomey orienté NE - SW, traverse le cours d'eau Aïssagbo avant de rejoindre l'autre rive. Il est d'une longueur de 473, 5 m soit 0, 4735 km, avec une superficie de 47350 m². Il présente dans son ensemble des sommets et des versants (figure 10).

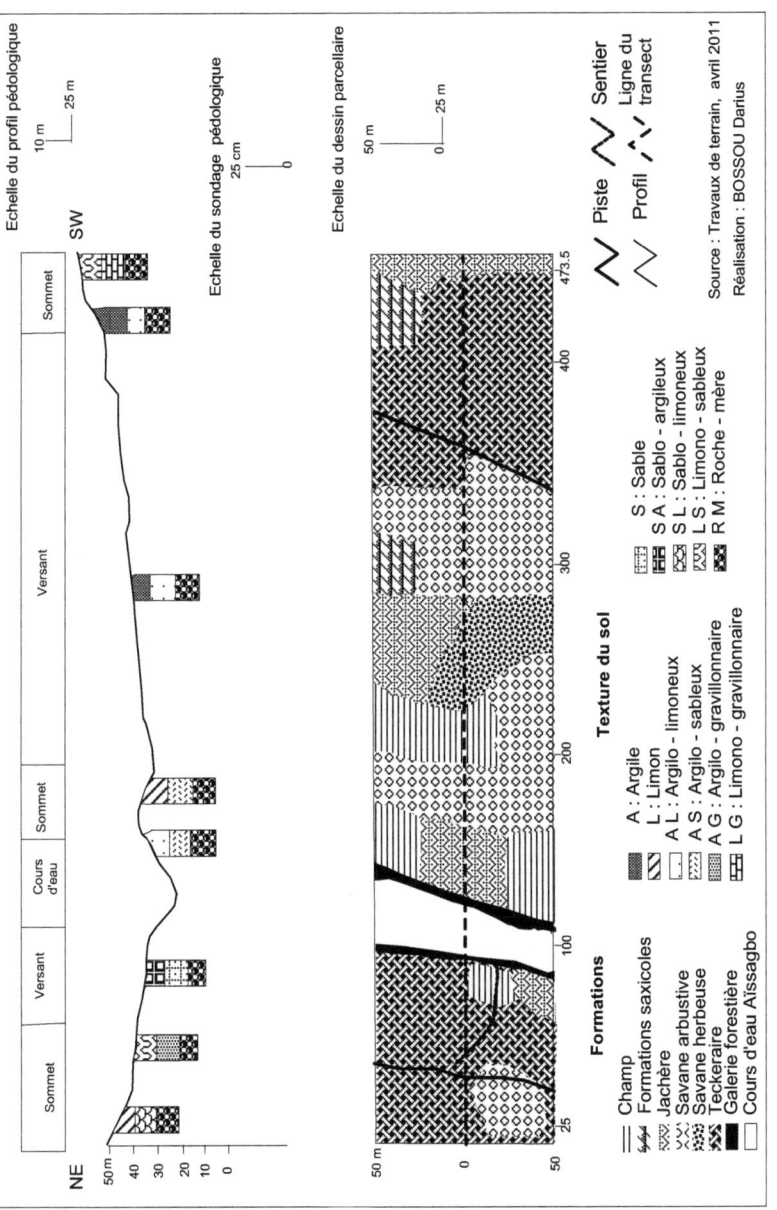

Figure 10 : Transect d'Assiangbomey / Profil agroécologique

L'analyse de la figure 10 montre que le transect présente des sommets, des versants drainant les eaux pluviales vers le cours d'eau.

Au cours, des travaux de recherche, des sédiments ont été recueillis après chaque pluie. Au total, 1372, 8 g de sédiments ont été piégés pendant sept mois (avril à octobre 2011). Des sédiments constitués de limon, de sable, de gravillon et d'argile. Les sédiments tels que le limon, le sable sont très sensibles au phénomène d'érosion pluviale qui arrache les particules fragiles et les transporte vers des endroits donnés sous l'effet du ruissellement.

Tout au long du transect, des formations végétales ont été observées à savoir teck, forêt galerie, formations saxicoles, savane arbustive, champs et jachères.

Il faut aussi noter que les populations de la zone pratiquent beaucoup l'agriculture.

✓ **Cas du site de Sowé**

Le transect de Sowé orienté NE - SW, traverse le cours d'eau Agbodo avant de rejoindre l'autre bout de la rive. Il mesure une longueur de 304, 60 m soit 0, 3046 km, avec une superficie de 30460 m². Il présente dans son ensemble des sommets et des versants (figure 11).

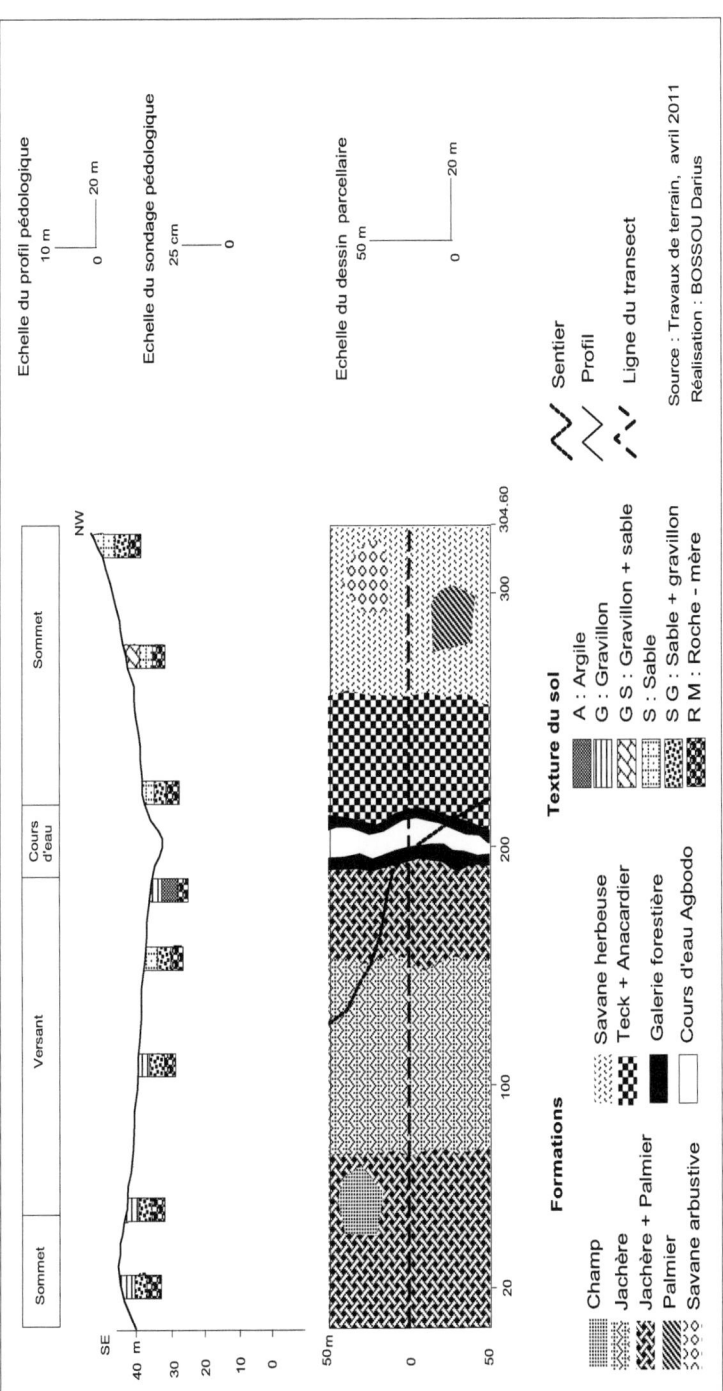

Figure 11 : Transect de Sowé / Profil agroécologique

L'analyse de la figure11 montre que le transect présente des sommets, des versants drainant les eaux pluviales vers le cours d'eau.

Au cours des travaux de terrain, des sédiments ont été recueillis après chaque pluie. Au total, 383, 2 g de sédiments ont été piégés pendant sept mois (avril à octobre). Des sédiments constitués d'argile, de sable, de gravillon qui sont sensibles au phénomène érosif qui emporte toujours les éléments fragiles.

Tout au long du transect, des formations végétales ont été observées à savoir teck, forêt galerie, savane arbustive, palmeraie, des champs et jachères.

✓ **Cas du site de Hêhounly**

Le transect de Hêhounly orienté W - E, traverse le cours d'eau Kinmou avant de rejoindre l'autre bout de la rive. Il mesure une longueur de 361, 10 m soit 0, 3611 km, avec une superficie de 36110 m². Il présente dans son ensemble des sommets et des versants (figure12).

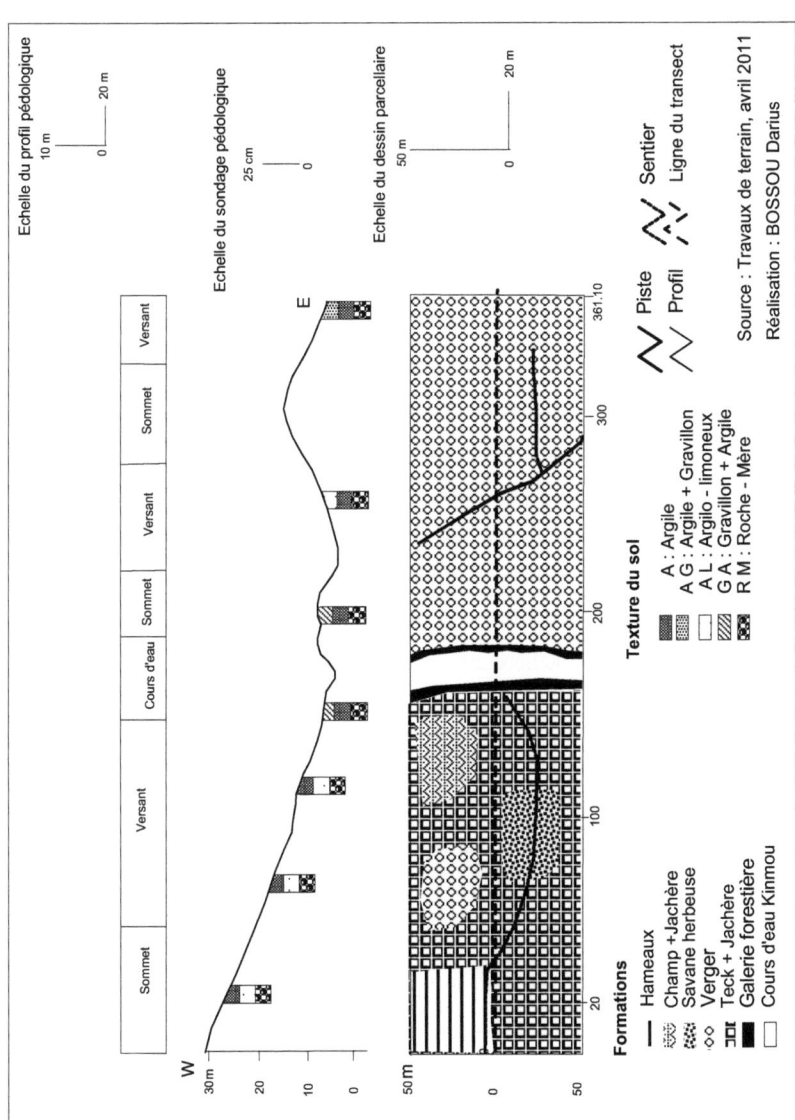

Figure 12 : Transect de Héhounly / Profil agroécologique

L'analyse de la figure 12 montre que le transect présente des sommets, des versants drainant des eaux pluviales vers le cours d'eau.

Au cours des travaux de terrain, des sédiments ont été recueillis après chaque pluie. Au total, 2726, 2 g de sédiments ont été piégés pendant sept mois (avril à octobre). Des sédiments constitués de gravillon, de limon, d'argile qui sont des éléments très vulnérables aux effets de l'érosion pluviale.

Tout au long du transect, des formations végétales ont été observées à savoir teck, forêt galerie, savane herbeuse, verger, des champs et jachères.

Des trois sites retenus, on peut affirmer que le site de Hêhounly a enregistré une perte importante de quantité de sédiments due aux cultures mises en place par les populations et aussi à une surexploitation des terres agricoles qui ne sont pas mises en jachère. Par contre, les deux autres sites (Assiangbomey et Sowé) ont enregistré une perte moins importante de quantités de sédiments due à la mise en jachère de l'espace qui a favorisé la reconstitution de la végétation. Cela montre que l'érosion pluviale est plus agressive sur sol nu qu'en présence de végétation. En effet, la végétation a la capacité de réduire la vitesse des gouttes de pluie, ce qui atténue l'effet de l'érosion pluviale. Ce qui montre que la jachère est quasi absente sur le site de Hêhounly, cela accélère la dégradation des sols et leurs appauvrissements.

La mesure de la pente a été possible sur les différents sites grâce au clinomètre. Les différentes mesures moyennes des pentes s'élèvent à 8,54 % sur le site d'Assiangbomey, 6, 6 % sur le site de Sowé et de 4, 22 % sur le site de Hêhounly (tableau III).

Tableau III : Equivalences des pentes

Valeur de la pente (%)	0 à 5	5 à 10	10 à 15	20 et plus
Nature de la pente	Faible	Moyenne	Forte	Très forte

Source : CeCPA / Zagnanado, octobre 2011

L'analyse du tableau III montre que les pentes du secteur d'étude dans leur ensemble sont des pentes moyennes et sensibles aux phénomènes d'érosion.

Les systèmes de cultures jouent un rôle important dans la quantification de l'érosion pluviale.

3.2. Systèmes de cultures

3.2.1. Activités pratiquées

Selon les résultats issus des travaux de terrain, 70 % des populations qui exploitent le bassin sont des agriculteurs. Mais, ils pratiquent aussi le petit élevage, la carbonisation et l'artisanat (figure 13).

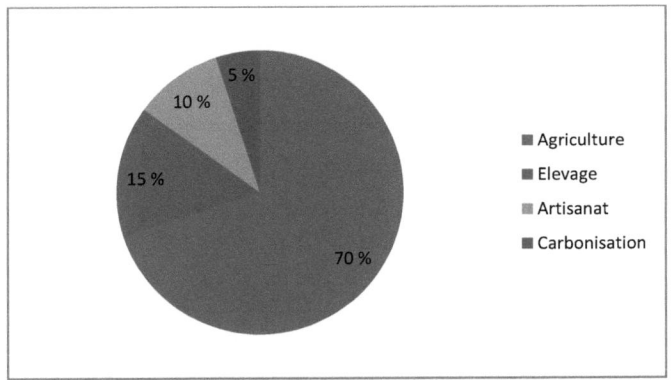

Figure 13 : Activités pratiquées par les agriculteurs
Source : Travaux de terrain, octobre 2011

L'analyse de la figure 13 montre que les personnes enquêtées sont en majorité des agriculteurs. Hormis cette activité, ils sont aussi des éleveurs, artisans et sculpteurs.

Les matériels utilisés pour travailler la terre sont le coupe-coupe et la houe qui sont encore des outils traditionnels. Le tracteur est encore inexistant dans le secteur malgré les multiples propagandes des autorités étatiques sur la révolution verte.

La main d'œuvre est presque inexistante et souvent les cultivateurs sont obligés de former des groupements d'entraide pour travailler dans les champs. Ce qui réduit le coût de la main d'œuvre qui est de plus en plus chère car les jeunes de ces localités fuient les travaux champêtres pour migrer vers les grands centres urbains à la recherche de mieux être.

La superficie cultivée varie d'une personne à une autre. Mais une grande partie des cultivateurs cultive des superficies supérieures à un hectare. C'est une agriculture encore traditionnelle et extensive car pour une grande superficie cultivée, le rendement est faible. Il faut souligner que l'on assiste à une baisse des rendements agricoles due à l'appauvrissement des terres soumises à une forte exploitation voire une surexploitation et soumises au phénomène érosif. Pour cela, certains agriculteurs disposant de moyens financiers utilisent des engrains chimiques tels que : le NPK (Azote, Phosphore et Potassium), l'urée, du TSP (Trisuper de Phospate) et du KCL (Chlorure de Potassium) pour accroître leur rendement et production agricoles.

Il faut noter que les relations entre éleveurs nomades et agriculteurs sont en parties bonnes. Mais, il existe parfois des conflits qui les opposent. Des conflits parfois liés à la destruction des cultures des agriculteurs par les troupeaux de bœufs des éleveurs nomades qui envahissent les champs pendant la saison sèche.

3.2.2. Mode d'accès à la terre

La plupart des terres exploitées par les populations des zones sont héritées. Les résultats des enquêtes ont été confirmés par 80 % des personnes interrogées qui affirment que les terres sont des héritages laissés par leurs ancêtres. Cela montre que les terres subissent de fortes pressions car elles sont surexploitées plusieurs années. Cette exploitation réduit le temps des jachères et le quasi inexistant des friches. La durée des jachères est de 2 ans dans certaines localités de Zagnanado. Par contre, dans les localités de Za-Kpota, la jachère est inexistante à cause d'une monoculture développée par les populations pendant des années. Tout ceci entraîne un appauvrissement des terres qui sont exposées à toutes formes de dégradation telles que l'érosion pluviale et appauvrissement des sols (figure14).

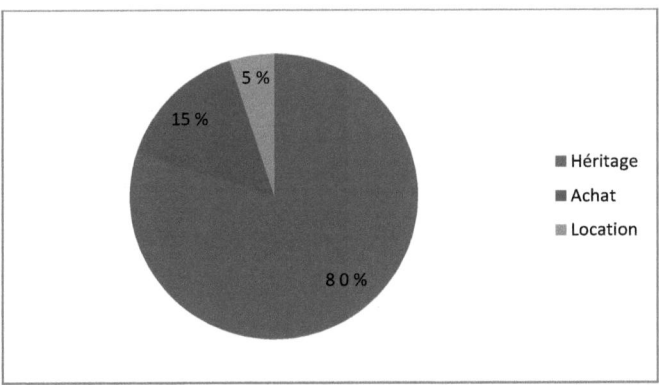

Figure 14 : Mode d'accès à la terre
Source : Travaux de terrain, octobre 2011

L'analyse de la figure 14 montre qu'une grande partie des terres exploitées par les populations sont des héritages. Mais il existe des cas d'achat et de location des terres dans la zone.

3.2.3. Techniques culturales

Plusieurs techniques culturales sont développées par les populations de la zone d'étude parmi lesquelles, on peut citer : la jachère, l'assolement, l'association, la rotation, etc.

❖ **Jachère**

La jachère consiste à laisser reposer les parcelles pendant un certain temps afin de permettre la reconstitution des éléments nutritifs du sol. Mais la durée des jachères est réduite à un an et quasi absente dans certaines localités du secteur d'étude. Ce va entraîner l'appauvrissement des terres agricoles.

❖ **Assolement**

L'assolement est la répartition ou la division des terres d'une exploitation agricole en plusieurs parties appelée soles. Chaque sole porte des cultures données.

La pratique de l'assolement dépend du type de climat, du type de sols et de la spécialité économique de la région.

❖ **Rotation**

C'est la succession des cultures portées par la même sole, durant un nombre de campagnes agricoles au bout desquelles la même succession de cultures est reprise dans le même ordre.

L'association des cultures est aussi développée dans le secteur d'étude.

❖ **Association**

C'est la culture d'une série de plantes sur une même parcelle. C'est une technique qui permet de réaliser à l'échelon de la parcelle le même principe d'occupation de l'espace que celui mis en œuvre par l'assolement à l'échelle de l'exploitation entière en prenant en compte les caractéristiques des plantes à associer.

Dans le secteur d'étude, les populations associent le maïs - arachide - manioc (photo 5).

Photo 5 : Association de maïs - arachide - manioc à Sowé.
Prise de vue : BOSSOU, octobre 2011.

L'analyse de la photo 5 montre en avant - plan, une association de cultures de maïs - arachide - manioc sur billon. Par contre, en arrière - plan, l'on observe une végétation avec des essences forestières.

Les différentes techniques culturales ont des conséquences sur les terres agricoles car à chaque saison, il faut sarcler, labourer la terre, incinérer les arbres. Tout cela expose les terres au risque d'érosion pluviale qui par la suite dégrade les différentes cultures et baisse le rendement des cultures (figure15).

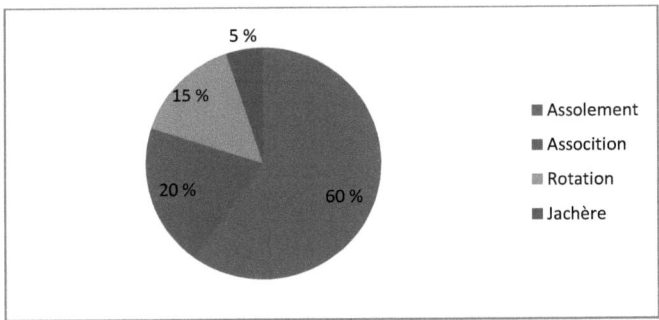

Figure 15 : Techniques culturales
Source : Travaux de terrain, octobre 2011.

La figure 15 montre que les populations agricoles pratiquent l'association de cultures, l'assolement et la rotation au détriment de la jachère. Les terres étant en majorité héritées sont en permanence exploitées, ce qui réduire la durée des jachères. Tout cela oblige les agriculteurs à la recherche de nouvelles terres pour cultiver.

3.2.4. Cultures pratiquées

Les principales cultures développées par les populations sont le maïs (*Zea mays*), l'arachide (*Arachis hypogea*), le manioc, (*Manihot esculenta*) ; le riz (*Oriza sativa*), l'igname (*Discorea sp*) ; etc. (figure 16).

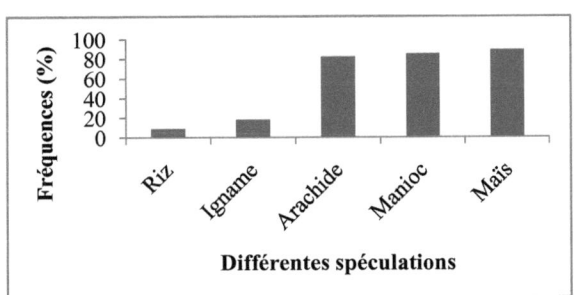

Figure 16 : Différentes spéculations
Source : Travaux de terrain, octobre 2011

L'analyse de la figure 16, montre que les trois principales cultures pratiquées par les populations du bassin sont le maïs, le manioc et l'arachide.

Certaines populations plantent des espèces ligneuses comme le palmier à l'huile (*Elaeis guineensis*), le teck (*Tectona grandis*), l'eucalyptus, (*Eucalyptus camaldulensis*) l'acacia (*Acacia auriculiformis*) et des agrumes comme l'oranger (*Citrus aurantium*), etc.

Les populations des localités enquêtées cultivent sur les sommets, les versants, les terrains plats, le long des cours d'eau et des bas-fonds (figure 17).

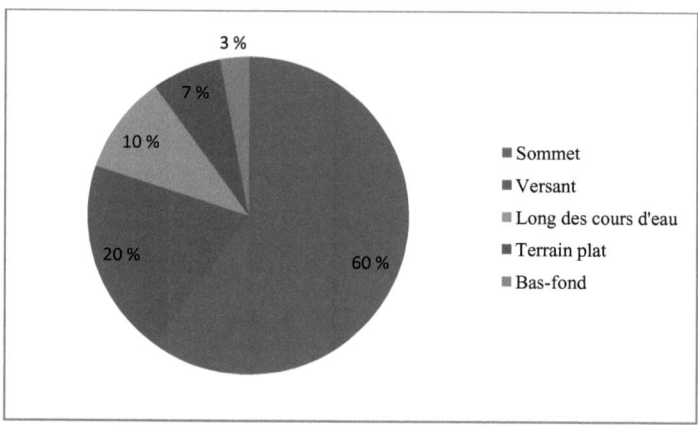

Figure 17 : Endroits cultivés par la population
Source : Travaux de terrain, octobre 2011

L'analyse de la figure 17 montre que les sommets sont plus exploités par les populations.

Pour labourer la terre, hormis les billons parallèles au sens d'écoulement de l'eau, les populations pratiquent le billonnage perpendiculaire au sens d'écoulement de l'eau et aussi le repiquage. Mais le billonnage parallèle est plus pratiqué car d'après les enquêtes, les populations éprouvent moins de difficultés à le faire comparativement au billonnage perpendiculaire au sens de l'eau qui est plus conseillé. Elles pratiquent aussi la culture sur brûlis pour préparer la terre. Mais le mulch c'est-à-dire le labour de la terre avec les végétaux morts est moins développé dans les différentes localités enquêtées.

Les différentes techniques ont des conséquences sur le sol car elles entraînent leur érosion. La photo 6 montre un champ dégradé par les effets de l'érosion.

Photo 6 : Dégradation d'un champ à Sowé
Prise de vue : Bossou, Octobre 2011

L'analyse de la photo 6 montre une association de manioc et d'arachide dégradée par l'érosion pluviale.

Après analyse des systèmes de cultures, il est important de mettre en exergue la dynamique de l'occupation du sol.

3.3. État de la dynamique actuelle de l'occupation du sol

Deux cartes d'occupation du sol ont été réalisées grâce à l'interprétation de la photographie aérienne et des images satellitaires LANDSATETM (résolution 30 m) de 1995 et 2006.Elle s'articule autour de deux points essentiels.

3.3.1. Etat d'occupation du sol de 1995

La réalisation de la carte d'occupation du sol a permis de calculer les superficies des unités d'occupation du sol (tableau IV).

Tableau IV : Superficies des unités d'occupation en 1995

Unités d'occupation	Superficie 1995 (ha)	Pourcentage (%)
Agglomérations	1180	1,05
CJP	7054	6,27
Eau	1293	1,15
FCSB	13071	11,63
FD	1371	1,22
FG	3158	2,81
Fourré	4360	3,88
Plantation	99	0,08
SAE	52413	46,64
SASA	28367	25,24
Champ et jachère	0	0
Formations marécageuses	0	0
Formations saxicoles	0	0
Total	**112366**	**100**

Source : CENATEL, 1995

CJP : Champ et jachère sous palmier ; FCSB : Forêt claire et savane boisée ; FD : Forêt dense ; FG : Forêt galerie ; SAE : Savane à emprise agricole ; SASA : Savane arborée et arbustive.

L'analyse du tableau IV montre que la savane à emprise agricole (SAE) et la savane arborée et arbustive (SASA) occupent une superficie importante du bassin avec respectivement 46, 64 % et 25, 24 %. Mais il faut noter que les autres unités telles que la forêt dense, la galerie forestière occupent de faibles superficies du bassin.

3.3.2. Etat d'occupation du sol de 2006

La réalisation de la carte d'occupation du sol a permis de calculer les superficies des unités d'occupation du sol (tableau V).

Tableau V : Superficies des unités d'occupation en 2006

Unités d'occupation	Superficie 2006 (ha)	Pourcentage (%)
Agglomérations	1701	1,51
CJP	8406	7,48
Eau	179	0,15
FCSB	4629	4,11
FD	141	0,12
FG	1739	1,54
Fourré	0	0
Plantation	1506	1,34
SAE	0	0
SASA	33375	29,7
Champ et jachère	52874	47,05
Formations marécageuses	7805	6,94
Formations saxicoles	11	0,01
Total	**112366**	**100**

Source : CENATEL, 2006

L'analyse du tableau V montre que les champs et jachères, la savane arborée et arbustive occupent des superficies importantes du bassin qui sont respectivement de 47, 05 % et 29, 70 %. Mais il existe des unités occupant de faibles superficies telles que les plantations, les formations saxicoles...

Des deux tableaux IV et V précédents, on peut dégager le tableau VI de synthèse qui montre les progressions, régressions et stabilités relatives aux différentes unités d'occupation du bassin (tableau VI).

Tableau VI : Synthèse d'occupation du sol de 1995 et 2006

Unités d'occupation	Progression (ha)	Régression (ha)
Agglomérations	521	-
CJP	1352	-
Eau	-	-1114
FCSB	-	-8442
FD	-	-1230
FG	-	-1419
Fourré		-4360
Plantation	1407	-
SAE		-52413
SASA	5008	-
Champ et jachère	52874	-
Formations marécageuses	7805	-
Formations saxicoles	11	
Total	-	-

Source : CENATEL, 1995 et 2006

Soient U1 la superficie de 1995 et U2 la superficie de 2006.

Soient la progression (+) avec U2 − U1 > 0 et la régression (-) avec U2 − U1< 0 les différentes variations des unités d'occupation.

L'analyse du tableau VI montre que des formations identifiées, 7 des formations (plantations, champs et jachères, savane arborée et arbustive, champ et jachère sous palmier, les formations marécageuses et saxicoles) ont connu une progression de 68 978 hectares soit un taux de 61, 38 %. Ce sont des formations à la fois naturelles et anthropisées. Tandis que les formations naturelles (forêt dense, galerie forestière, savane à emprise agricole, forêt claire et savane boisée, fourré) ont connu une régression de 64 618 hectares soit un taux de 38, 62 %. Des modifications et transformations dues aux actions de l'homme. Les conséquences de cette régression sur les terres agricoles sont la disparition de certaines espèces végétales et animales, l'appauvrissement des terres agricoles, la baisse de la production et du rendement, l'intensification de l'érosion pluviale, le déplacement des populations à la recherche de nouvelles terres fertiles et l'exode rural des jeunes vers les grands centres urbains. (figure 18).

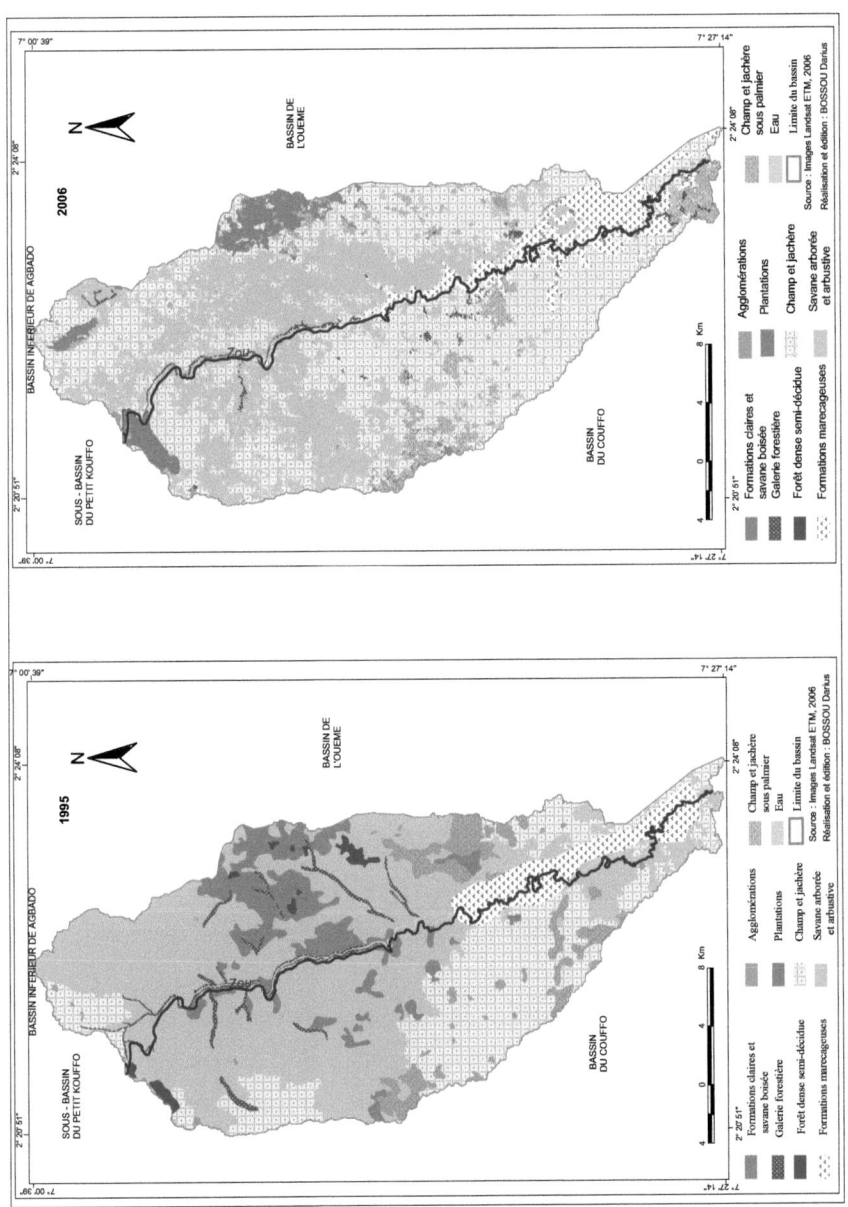

Figure 18 : Etats d'occupation du sol en 1995 et en 2006

L'analyse de la figure 18 montre que de 1995 à 2006, les formations naturelles ont connu une régression au profit des formations anthropisées (plantations, champs et jachères) qui ont progressées.

3.4. Discussion

Les résultats issus de la présente étude viennent confirmer ceux obtenus par certains auteurs. Ainsi, une régression des formations naturelles au détriment des formations anthropiques (champs et jachères) a été constatée entre les années 1995 et 2006. Cette régression était due aux activités agricoles développées par les populations. Cela vient confirmer les résultats obtenus par Agoïnon (2012) dans une étude morphodynamique du bassin versant du Zou a montré que de 1995 à 2006 des formations naturelles ont connu une régression au profit des champs et jachères. Cette étude a permis d'observer une forte pression humaine qui a entraîné une régression du couvert végétal. Ceci confirme les résultats obtenus par Toundoh (2011) qui a affirmé que la pression humaine a entraîné une progression des agglomérations et une régression du couvert végétal qui perturbent les milieux fragiles et provoquent la dégradation des sols. Pour renchérir Tenté (2000) affirme que l'homme par ses activités agricoles participe à la dégradation du couvert végétal. Cette dégradation du couvert végétal entraîne une modification du calendrier agricole où les débuts de saison pluvieuse commencent probablement dans le mois de mai. Ce qui confirme les résultats obtenus par Lokonon (2011) où il a montré une modification de l'ancien calendrier agricole qui prend en compte le mois de mai comme le début de la saison pluvieuse tandis que dans le passé, c'était le mois de mars. Selon le même auteur, certaines rotations de cultures comme maïs - soja sont en train d'être vulgarisées afin d'assurer une bonne conservation des terres agricoles.

Par ailleurs, la présente étude a montré que des pertes de terres ont été enregistrées dans le secteur d'étude. Elles étaient dues aux effets de l'érosion pluviale et aux activités agricoles développées par les populations. Ces pertes de terres viennent confirmer les résultats obtenus par Zounon (2011) qui dans une étude sur l'évaluation de l'érosion dans l'arrondissement de Ouèdèmè - Pédah a montré que l'intensité des pluies, la pente, les pratiques agricoles sont responsables des pertes de terres. Pour aborder dans le même sens que les auteurs précédents, Boukheir *et al.,* (2001) affirment que l'érosion pluviale est plus agressive sur les pentes à cause de la nature torrentielle des pluies, de la forte vulnérabilité des terrains (roches tendres, sols fragiles, pentes raides et couvert végétal souvent dégradé), du surpâturage et de l'impact défavorable des activités humaines : déforestation, incendies, mauvaise conduite des travaux agricoles, urbanisme chaotique, exploitation des carrières, etc.

Pour atténuer les effets de l'érosion pluviale et assurer une gestion durable des terres agricoles, des mesures anti - érosives ont été proposées. Ces mesures sont l'utilisation des résidus de végétaux morts pour couvrir les parcelles et freiner les eaux de pluie. Ce résultat vient appuyer celui d'Armand (2009) qui a montré le rôle déterminant de la couverture en résidus végétaux sur la réduction du ruissellement. Selon le même auteur, les réductions du ruissellement les plus faibles sont observées dans les cas où la couverture de surface est inférieure à 10 % par contre la réduction du ruissellement est beaucoup plus importante quand la couverture en résidus dépasse 30 %. Cela vient confirmer l'importance de la couverture végétale sur la réduction du ruissellement et de l'effet de l'érosion pluviale. Cependant, certains auteurs Dunne et Black (1970) ont montré que le ruissellement peut se former en absence de précipitation, on parle alors d'exfiltration (return flow). Ambroise (1999) vient renchérir pour affirmer que ce ruissellement correspond généralement aux sources et sourcins présents sur les versants. Selon le même auteur, les apports latéraux d'eau souterraine peuvent dépasser le flux maximal qui peut transiter dans le profil. Le profil étant alors saturé, ce qui permet au flux d'eau en excès de s'écouler en surface. Tout cela ouvre d'autres pistes de réflexion sur le risque d'érosion pluviale et le ruissellement dans un versant.

3.5. Approches de solutions et suggestions

Pour atténuer les effets de l'érosion pluviale et assurer une bonne gestion des terres agricoles, des approches de solutions et suggestions sont proposées. Au nombre desquelles, il faut :

- ✓ éviter les cultures sur brûlis, la monoculture et l'utilisation des engrais chimiques ;
- ✓ créer des couloirs de transhumances pour éviter des conflits entre éleveurs nomades et cultivateurs ;

- ✓ encourager le labour perpendiculaire au sens d'écoulement de l'eau de ruissellement ;
- ✓ faire le reboisement en ciblant des zones par village ;
- ✓ encourager la biomasse (les résidus de récolte dans les champs afin d'assurer la fertilité et la restauration des terres agricoles) ;
- ✓ développer des techniques d'irrigation des bas-fonds afin d'encourager le développement des cultures de contre saison ;
- ✓ mettre en place des comités de gestion des conflits de terres entre les individus ;
- ✓ procéder à une alphabétisation du monde rural et une rééducation des cultivateurs sur certaines mauvaises pratiques agricoles ;
- ✓ vulgariser le reboisement de certaines espèces en voie de disparition telles que *Adansonia digitata, Daniellia oliveri, Afzelia africana* ;
- ✓ l'association sorgho-niébé qui permet une réduction du ruissellement de 20 à 30% par rapport à la culture pure de sorgho et de 5 à 10% par rapport à celle du niébé ;
- ✓ l'association sorgho-niébé qui entraîne une réduction de l'érosion de 80 % par rapport à la culture pure de sorgho et de 45 à 55 % par rapport à celle du niébé. En effet, les racines de niébé apportent au sol de l'azote par fixation symbiotique de l'azote de l'air. L'association sorgho-niébé est bénéfique en termes de production agricole car le rendement en grain de l'association est le double de celui obtenu en culture pure de sorgho ou de niébé.

Les approches de solutions et suggestions pourront être une réalité, lorsque les autorités locales à divers niveaux vont s'impliquer à la chose en expliquant aux populations les dangers qu'elles courent en adoptant les mauvaises pratiques agricoles telles que la culture sur brûlis qui détruit les matières organiques du sol. Les matières organiques une fois détruites, exposent le sol à toutes formes d'intempéries. Il faut procéder à de petites subventions agricoles pour encourager les cultivateurs dans leurs activités agricoles. L'on peut penser à long terme à la mise en place d'une banque agricole gérée par les cultivateurs eux - mêmes.

Pour lutter plus efficacement contre l'érosion pluviale, des propositions sont faites pour des aménagements durables.

3.6. Proposition d'aménagements de lutte anti - érosifs

L'une des causes de la baisse de la fertilité des sols est l'érosion pluviale. Elle est plus prononcée sur les sols nus et de forte pente. Elle se manifeste par la présence des rigoles et des ravines. C'est pour cela, des aménagements anti - érosifs sont nécessaires pour atténuer les effets de l'érosion pluviale. Au nombre des aménagements, l'on peut citer les fascines, les cordons pierreux, les diguettes et les haies isohypses.

3.6.1. Fascines

La fascine c'est l'assemblage de pieux en bois solidement enfoncés dans le sol et tressés avec des lianes en tiges pour lutter contre la progression des rigoles et des ravines. La fascine permet de :

- ✓ corriger les ravines et les rigoles ;
- ✓ protéger les aménagements en aval ;
- ✓ protéger les nouvelles installations de haies vives.

- Pour réaliser la fascine, il faut :
  - ✓ déterminer les courbes de niveau ;
  - ✓ choisir du bois résistant aux termites ;
  - ✓ tremper les piquets dans l'huile de vidange ;
  - ✓ tresser avec des branchages, des nervures de palme et des lianes et dans les ravines, il faut consolider le système en installant des graminées (Andropogon, Panicum, Vétiver), citronnelle, ananas ou des arbres et arbustes (légumineuses).
- Sa réalisation n'est possible que :
  - ✓ dès l'apparition des ravines et des rigoles ;
  - ✓ dès l'apparition des haies vives ;
  - ✓ dès l'installation des aménagements à protéger.
- Elle est réalisée sur les sols nus et de forte pente et les matériels utilisés sont coupe - coupe, pioche, pieux, lianes, huile de vidange, clinomètre, triangle en A et tuyau à eau.
- Pour la réussir, il faut enfoncer les piquets à tous les 0, 50 m suivant les courbes de niveau.

3.6.2. Cordons pierreux

Le cordon pierreux est un muret de pierres sèches dispersées de manière à freiner le ruissellement de l'eau et à retenir les sédiments sur les sols en pente. Il est construit dans le cas où la pente supérieure à 2 %, conduit à une érosion en nappe et dans les régions où les pierres sont suffisamment disponibles. Il favorise la durabilité de l'exploitation des sols en pente et freine les effets néfastes de l'érosion pluviale. La construction des cordons nécessite la mise en place de certains éléments :

- ✓ tracer les courbes de niveau en commençant par le haut de la parcelle ;
- ✓ rassembler suffisamment de pierres de différentes tailles ;
- ✓ faire une tracée de faible profondeur le long de la courbe de niveau (profondeur 5 à 20 cm) ;
- ✓ ranger les pierres dans la tranchée en plaçant d'abord les plus grosses de manière à dissiper l'énergie de l'eau à l'intérieur du cordon pierreux ;
- ✓ augmenter la hauteur et la largeur des cordons pierreux en fonction des pierres disponibles et du degré de la pente, le sommet d'un cordon pierreux étant dans le même plan horizontal que la base du cordon précédent ;
- ✓ vérifier la solidité du cordon pierreux en marchant dessus et en recalant les pierres qui bougent.

Pour mieux réussir la réalisation du cordon pierreux, il faut :

- ✓ poursuivre la vérification de la solidité du cordon pierreux en le contrôlant et en le consolidant après les pluies ;
- ✓ mettre en amont les déblais des tranchées et les damer pour éviter des passages d'eau ;
- ✓ améliorer l'efficacité du cordon en plantant des arbres (*Leucaena, Acacia auriculiformis*, etc.) ou des graminées (*Panicum, Andropogon*, etc.) en amont après que les dépôts se soient formés.
- ✓ prévoir selon les cas des ailes courbées vers l'amont de 2 m à 5 m à la fin des cordons. Les ailes permettent que l'eau ne s'écoule latéralement par rapport au cordon et ne cause de l'érosion.

Il faut procéder à un écartement de :

- ✓ 15 à 40 m entre les cordons pour les sols peu filtrants (argileux) et de pente comprise entre 2 et 3 % ;
- ✓ 25 à 40 m pour les sols filtrants de pente comprise entre 2 et 3 % ;
- ✓ si le sol est peu filtrant et la pente supérieure à 3 %, il faut réduire l'écartement.

Il faut respecter un certain nombre de dimensionnement de :

- ✓ hauteur : 20 à 35 cm ;
- ✓ largeur à la base : 60 à 120 cm.

3.6.3. Diguettes

La diguette est un billon de niveau construit pour freiner l'érosion pluviale. On distingue les diguettes en pierres, les diguettes en terre et les diguettes filtrantes. La mise en place du dispositif se fait lorsque la pente supérieure à 2 %, conduit à une érosion en nappe. On le fait pour rendre durable l'exploitation des sols en pente en freinant les effets néfastes de l'érosion pluviale. La construction des diguettes se fait en fonction de la nature du terrain.

- ➢ Cas des diguettes en pierres :
  - ✓ tracer les courbes de niveau ;
  - ✓ rassembler les pierres disponibles sur la parcelle ;
  - ✓ construire les diguettes en suivant les courbes de niveau.
- ➢ Cas des diguettes en terre, qui sont de deux sortes :
  - ✓ les grosses diguettes ont une hauteur de 50 cm et une largeur de 50 à 80 cm. Elles sont construites en prélevant la terre en amont de la diguette et en réalisant des exutoires à tous les 200 m ;
  - ✓ les petites diguettes ont une hauteur de 25 cm et largeur de 30 à 40 cm.
- ➢ Cas des diguettes filtrantes :

elles sont réalisées sur le passage d'eau dans les rigoles, le fond d'une vallée ou d'un bas - fonds. Elles sont plus grandes que les autres diguettes et leur hauteur varie entre 0, 80 et 2 m. Elles sont montées comme les diguettes en pierres. Pour les réaliser, il faut :

- ✓ creuser le fond de la rigole à l'endroit où sera montée la digue sur 20 cm de profondeur ;

- ✓ placer les grosses pierres en bas avec la grande base verticalement ou perpendiculaire à la pente et les petites pierres dans les espaces entre les grosses pierres ;
- ✓ les rebords de la digue s'incrustent dans les berges, le sommet de la digue est concave pour faciliter le passage de l'excès d'eau.

Il faut procéder à un entretien régulière des diguettes en contrôlant leur solidité et respecter un écartement de :

- ✓ 15 à 40 m entre les diguettes pour les sols peu filtrants (argileux) et de pente comprise entre 2 et 3 % ;
- ✓ 25 à 40 m pour les sols filtrants de pente comprise entre 2 et 3 % ;
- ✓ si le sol est peu filtrant et la pente supérieure à 3 %, il faut réduire l'écartement.

Il faut respecter des dimensions telles que :

- ✓ hauteur : 20 à 35 cm ;
- ✓ largeur à la base : 60 à 120 cm.

3.6.4. Haies isohypses

Une haie isohypse est un dispositif constitué de matériel végétal (graminée, légumineuse) le long d'une courbe de niveau. Elle permet de lutter contre les effets de la dégradation du sol. C'est au début de la saison des pluies qu'elle est installée dans les champs à pente supérieure ou égale à 4 %.

Pour la réalisation des haies, il faut utiliser le matériel végétal tel que :

- ✓ graminées (*Vétiver, Andropogon, Panicum*, citronnelle) ;
- ✓ légumineuses (*Leucaena, Casia siamea, Acacia auriculiformis, Gliricida*).

Pour mettre en place les haies, il faut :

- ✓ déterminer les courbes de niveau ;
- ✓ laisser une touffe végétale naturelle au sommet de la pente ;
- ✓ disposer les haies de façon alternée (graminée et légumineuse) en commençant de préférence par les graminées ;
- ✓ installer le matériel végétal serré suivant les courbes de niveau jusqu'à couvrir tout le terrain.

Il faut prendre des précautions qui consistent à élaguer et à receper périodiquement les haies pour éviter les dégâts éventuels des ombrages sur les cultures. L'entretien des haies augmente le stock de matière organique du sol et permet l'alimentation des animaux.

Après avoir analysé chaque dispositif anti-érosif, il urge de procéder à une évaluation leurs coûts.

3.6.5. Évaluation des coûts des aménagements anti-érosifs

Les coûts relatifs aux aménagements anti-érosifs seront évalués en fonction de chaque dispositif.

- ❖ **Cas des fascines**

Les fascines étant constitués de matériels végétaux, l'on peut évaluer son coût à 4 000 000 FCFA.

- ❖ **Cas des cordons pierreux**

Ils peuvent être évalués à 2 000 000 FCFA car ici il est question de rassembler les pierres de différentes tailles et utiliser les espèces végétales.

- ❖ **Cas des diguettes**

Elles peuvent être évaluées à 2 000 000 FCFA car elles sont réalisées avec les matériels disponibles sur la parcelle.

- ❖ **Cas des haies isohypses**

Elles peuvent être évaluées à 3 000 000 FCFA car elles nécessitent l'apport de matériels extérieurs qui sont coûteux.

CONCLUSION

Au terme de la présente étude, les principaux facteurs responsables de l'érosion pluviale sont les précipitations, la topographie, le couvert végétal et les activités pratiquées par les populations.

Les différents résultats obtenus suite à la présente étude viennent confirmer les hypothèses émises :

- ✓ l'hypothèse 1 est confirmée car les trois sites expérimentés ont montré que les pertes de terres enregistrées à des hauteurs de pluie différentes sont des éléments qui accélèrent la dégradation et l'appauvrissement des sols ;
- ✓ l'hypothèse 2 est confirmée car 60 % des personnes enquêtées ont montré que les systèmes de cultures développés entraînent la dégradation des terres agricoles et la baisse du rendement ;
- ✓ l'hypothèse 3 est confirmée car 60 % des personnes interrogées ont montré leur inquiétude face aux problèmes de dégradation des sols, d'appauvrissements, la baisse de la production et du rendement constatés par les paysans eux-mêmes.

Au nombre des résultats, une perte importante de sédiments qui s'élève à 4482, 2 g a été enregistrée sur l'ensemble des trois sites pendant sept mois avec une quantité de 306, 60 mm de pluie. Ces pertes de sédiments ont entraîné une dégradation des terres agricoles, une pollution des eaux et le comblement de certains cours d'eau par endroit. Tout cela pourrait entraîner un déplacement des populations à la recherche de nouvelles terres agricoles, un exode rural de certaines populations vers les grands centres urbains, une perturbation de la faune et de la flore.

L'analyse diachronique montre une régression des formations naturelles de 38, 62 % au détriment des formations anthropisées qui ont progressées de 61, 38 %. Cette dynamique montre que l'homme est l'élément principal de dégradation de son milieu étant donné qu'il le façonne à sa manière afin de satisfaire ses besoins.

Il faut noter aussi que la population utilise encore les techniques archaïques telles que la houe, le coupe-coupe, les feux de végétation pour préparer les superficies mises en valeur dans le sud du bassin inférieur du Zou.

Mais des mesures antiérosives ont été proposées afin d'atténuer les risques de l'érosion pluviale et une gestion rationnelle des terres agricoles. Comme mesures antiérosives, on peut proposer la construction des diguettes, des fascines, des haies isohypses et des cordons pierreux. Des campagnes de sensibilisations doivent êtres recommandées pour la préservation des ressources naturelles à travers le reboisement, les mauvaises pratiques culturales, introduction des légumineuses telles que *Mucuna sp*, *Vigna unguiculata*, *Vetiveria zizanioides*... pour lutter plus efficacement contre les dégradations éventuelles des sols et assurer leur gestion durable.

Malgré les difficultés rencontrées tout au long de la réalisation de ce travail, on retient que ce travail a apporté des éléments de réponses pour mieux comprendre les facteurs responsables de l'érosion pluviale et les stratégies adoptées par les populations pour atténuer les effets de l'érosion pluviale.

Les résultats acquis dans le travail, permettent d'envisager de nouvelles perspectives pour de futures recherches. Comme perspectives :

- ✓ analyser les effets des techniques culturales sur les risques de ruissellement dans la Commune de Dassa-Zoumè ;
- ✓ faire une étude comparée des pratiques agricoles sur les risques d'érosion pluviale dans les communes de Zagnanado et de Dassa-Zoumè ;
- ✓ étudier la gestion des terres agricoles et sécurité alimentaire dans le département du Zou.

BIBLIOGRAPHIE

ADAM S. I. (2005) : Impacts environnementaux de la gestion des aires de cultures dans la Commune de Banikoara. Mémoire de DEA, FLASH / UAC, Bénin, 86 p.

AGOÏNON N. (2006) : Esquisse morphodynamique d'un bassin versant du cours moyen de l'Ouémé : cas du bassin versant de Tèwi. Mémoire de DEA, UAC/ FLASH, 69 p.

AGOÏNON N. (2012) : Etude morphodynamique du bassin versant du Zou. Thèse de doctorat unique de l'Université d'Abomey-Calavi, Bénin, 239 p.

AHO N. et KOSSOU D. (1997) : Précis d'agriculture tropicale : Bases et éléments d'application. Les éditions du Flamboyant, Bénin, 463 p.

AMBROISE B. (1999) : La dynamique du cycle de l'eau dans un bassin versant - Processus, Facteurs, Modèles. Bucarest, 200 p.

ARAYE D. R. (2007) : Mobilisation et gestion des eaux de ruissellement dans les Arrondissements de Dassa 1 et Dassa 2. Mémoire de maîtrise de géographie, UAC/DGAT, FLASH, 94 p.

ARMAND R. (2009) : Etude des états de surfaces du sol et de leur dynamique pour différentes pratiques de travail du sol. Mise au point d'un indicateur de ruissellement. Thèse de doctorat en géographie, Université de Strasbourg, France, 197 p.

AZONTONDE A. (2001) : Quantification de l'érosion au Nord-Bénin en zone soudanienne sous monoculture de coton sur sols ferrugineux tropicaux lessivés. CENAP, Cotonou, Bénin, pp 371-372.

BATCHO P. (2004) : Hydrologie urbaine à Dassa-Zoumè. Mémoire de maîtrise de géographie, UAC-FLASH, 103 p.

BAKPE J. (2011) : Incidences socio-environnementales des activités agricoles dans la Commune de Zogbodomey. Mémoire de maîtrise en géographie, DGAT / FLASH/UAC, 90 p.

BLAVET D., De NONI G., ROOSE E., MAILLO L., LAURENT J. Y., et ASSELINE J. (1999) : Effets des techniques culturales sur les risques de ruissellement et d'érosion en nappe sous vigne en Ardèche (France). Article, Montpellier, IRD, France, PP 489-504.

BOKO M., HOUSSOU C., HOUNDENOU C., VISSIN E., OGOUWALE E., TOTIN H. et YABI I. (2004) : Gestion des risques hydro-climatiques et développement économique durable dans le bassin du Zou. Rapport de recherche, LACEEDE, UAC-DGAT, 51 p.

BOKO G. J. (2009) : Cartographie du risque érosif en utilisation l'USLE et les SIG : Cas du bassin béninois du Niger. Mémoire de DEA, EDP, FLASH, 96p.

BOSSA Y. A. (2007) : Modélisation du bilan hydrologique dans le bassin du Zou à l'exutoire d'Atchérigbé : contribution à l'utilisation durable des ressources en eau. Mémoire de DESS, FSA / UAC, 110 p.

BOUEGUI S. Y. (2008) : Impact des eaux pluviales sur l'environnement à Gogounou. Mémoire de maîtrise de géographie, DGAT / FLASH / UAC, 89 p.

BOUKHEIR R., GIRAD M - CL., KHAWLIE M. et ABADALLAH C. (2001) : Erosion hydrique des sols dans les milieux méditerranéens : une revue bibliographique. Article, '' Etude et gestion des sols'', volume 8, 4, pp 231 - 245.

DAANE J., BREUSERS M. et FREDERIKS E. (1997) : Dynamique paysanne sur le plateau Adja du Bénin. Edition Karthala, Paris, 347 p.

De NONI G., VIENNOT M., ASSELINE J. et TRUJILLO G. (2001) : Terres d'altitude, terres de risque : la lutte contre l'érosion dans les Andes équatoriennes. Coll. Latitudes No 23, Paris, IRD (éd), 219 P.

de WILDE J. (1968) : Expériences de développement agricole en Afrique Tropicale. Maisonneuve et Larose, Paris, 325 p.

Dictionnaire d'agriculture et des sciences annexes (1977). Maison Rustique, Paris, 219 p.

DJANAN N. et HENNOU, G. F. (2000): L'agriculture Péri-urbaine dans la commune d'Abomey-Calavi et de Godomey. Mémoire de maîtrise de géographie, FLASH, UAC, 150 p.

DOMINIQUE H. (1985) : Systèmes agraires et risques d'érosion. Rapport intermédiaire, INAPG, Paris, 11 p+ annexes.

DOTO C. (2007) : Potentialités et contraintes d'aménagement du bassin versant de Siwé dans la commune d'Agbangnizoun (département du Zou). Thèse d'ingénieur agronome, UAC, FSA, 121 p.

DUNNE T. et BLACK R. (1970): An experiment investigation of runoff production in permeablesoils. *Water resources research*, 6 (2): 428 - 490.

DUPRIEZ et LEENER (1990) : Les chemins de l'eau, ruissellement, irrigation, drainage. Edition Harmattan, 380 p.

EBA' A ATYI R. (2010) : Analyse de l'impact économique, social et environnemental de la dégradation des terres en Afrique Centrale. Rapport d'étude sur la lutte contre la désertification, Rome, Italie, 55 p.

ELDIN M. et MILLEVILLE P. (1989) : Le risque en agriculture. Collections à travers champs, éd. ORSTOM, Paris, 620 p.

FANOU J., SOKPON N., CRINOT L., AHOU B. et IGUE M. (1997) : Etude des possibilités de gestion efficace et de régénération des sols, du couvert forestier et des pâturages naturels dans le département du Mono. Rapport sur la gestion des terroirs, UNB, 117 p.

GRECO J. (1978) : La défense des sols contre l'érosion. Maison Rustique, Paris, 183 p.

HOUNGNIHIN A. (2009) : Mécanismes endogènes et gestion de l'environnement au Bénin, *In Actes du 2ème colloque des sciences, cultures et technologies*, 2009, UAC/Bénin, pp75-76.

Le BARBE L., ALE G., MILLET B., TEXIER H. et BOREL Y. (1993) : Monographie des ressources en eaux superficielles de la République du Bénin. Paris, ORSTOM, 540 p.

Le BISSONNAIS Y., DUBREUIL N., DAROUSSIN J. et GORCE M. (2004) : Modélisation et cartographie de l'aléa d'érosion des sols à l'échelle régionale. Article, Etude et Gestion des sols, volume 11, 3, Aisne, France, pp 307-321.

LOKONON L. J. (2011) : Impacts de la dynamique du couvert végétal et du changement climatique sur les ressources en eau dans le bassin du Zou à l'exutoire d'Atchérigbé à l'horizon 2025 : contribution à la gestion intégrée des ressources en eau. Thèse d'ingénieur agronome, FSA / UAC, 91 p.

MERCIER J. R. (1991) : La déforestation en Afrique: situation et perspectives. Edisud, Paris, France, 176 p.

MEYNARD J. M., DORE T. et HABIB R. (2001) : Evaluation et conception de système de culture pour une agriculture durable. Comptes rendus de l'Académie d'Agriculture de France, pp 223-236.

OGOUWALE E. (2004) : Changements climatiques et sécurité alimentaire dans le Bénin Méridional. Mémoire de DEA, UAC/FLASH, 103 p.

PFEIFFER V. (1988) : Agriculture au sud-Bénin : passé et perspectives. Ed. L'Harmattan, Collections Alternatives Rurales, Paris, 172 p.

PRASUHN V., LINIGER H., HURNI H. et FRIEDLI S. (2007) : Carte d'érosion du sol en Suisse. Article, Agrarforschung, 14 (3), Université de Berne, Suisse, pp 53- 59.

Rapport du CTFT (1979) : Conservation des sols au sud du Sahara. Collections Techniques Rurales en Afrique, 2e éd, Paris, 298 p.

Rapport du MEHU (1996) : Energie domestique et lutte contre la désertification au Bénin : rôle de la femme. Séminaire national, INFOSEC, 96 p.

Rapport du PNUE, (1992): Département Industrie et Environnement, APELL, Un processus pour répondre aux accidents technologiques, Paris, 86 p.

ROOSE E. J. (1973) : 17 années de mesures expérimentales de l'érosion et ruissellement sur un sol ferrallitique de basse Côte D'Ivoire. Contribution à l'étude de l'érosion hydrique en milieu intertropical. Thèse de doctorat, Université d'Abidjan, ORSTOM, 124 p+ annexes.

ROOSE E. J. (1977) : Erosion et ruissellement en Afrique de l'Ouest. 20 années de mesures en petites parcelles expérimentales. Travaux et documents n°78, ORSTOM, Paris, 78 p.

ROOSE E. J. (1994) : Introduction à la gestion conservatoire de l'eau, de la biomasse et de la fertilité des sols. Bulletin pédologique FAO n° 70, Rome, Italie, 420 p.

SANIBAKO M. (1998) : Etude des possibilités d'amélioration des techniques endogènes et introduites de lutte antiérosives dans le bassin versant de Koumagou dans la Sous-Préfecture de Boukoumbé, département de l'Atacora au Bénin. Thèse d'ingénieur agronome, UNB, FSA, 115 p.

SERAGELDIN I. (1989) : Pauvreté, ajustement et croissance en Afrique. Une publication de la Banque Mondiale, Washington, 87 p.

TENTE B. (2000) : Dynamique actuelle de l'occupation du sol dans le massif de l'Atacora : secteur Perma-Toucountouna. Mémoire de DEA, EDP / FLASH / UAC, 83 p.

TOKO I. I. (2005) : Productivité des pâturages de savanes en relation avec les phénomènes d'érosion naturelle des sols (Dongas) dans le parc National du W. Mémoire de DEA, UAC, FLASH, 88 p.

TOUNDOH O. P. (2011) : Etude de la dynamique de l'occupation du sol dans la commune d'Adjarra. Mémoire de maîtrise de géographie, DGAT / FLASH / UAC, 75 p.

TOUPE S. et TOWANOU J. (1995) : La culture des fruitiers dans le secteur sud de la vallée du Zou. Mémoire de maîtrise de géographie, UNB, DGAT, FLASH, 101 p.

VISSIN E. (2001) : Contribution à l'étude de la variabilité des précipitations et des écoulements dans le bassin béninois du fleuve Niger. Mémoire de DEA, Université de Dijon, France, 52 p.

WADE S., RUDANT J. P., BA K. et NDOYE B. (2008) : Télédétection et gestion des catastrophes naturelles : application à l'étude des inondations urbaines de Saint Louis et du ravinement lié à l'érosion hydrique à Nioro-Du-Rip (Sénégal). Revue télédétection, vol 8,n° 3, Sénégal, PP. 203-210.

YOUNG A. (1995) : Agroforesterie pour la conservation du sol. CTA, 194 p.

ZOUNON E. E. (2011) : Contribution à l'évaluation de l'érosion au Sud-Ouest du Bénin. L'exemple de l'Arrondissement de Ouèdèmè-Pédah dans le Département du Mono. Mémoire de maîtrise de géographie, UAC, DGAT, FLASH, 70 p.

LISTE DES TABLEAUX

Tableau I : Synthèse de la recherche documentaire 33
Tableau II : Répartition des ménages agricoles enquêtés 37
Tableau III : Équivalences des pentes 50
Tableau IV : Superficies des unités d'occupation en 1995 58
Tableau V : Superficies des unités d'occupation en 2006 59
Tableau VI : Synthèse d'occupation du solde 1995 et de 2006 59
Tableau VII : Hauteur des piquets d'érosion à Assiangbomey 82
Tableau VIII : Hauteur des piquets d'érosion à Sowé 82
Tableau IX : Hauteur des piquets d'érosion à Hêhounly 82
Tableau X : Relevé des piquets d'érosion à Assiangbomey 83
Tableau XI : Relevé des piquets d'érosion à Sowé 83
Tableau XII : Relevé des piquets d'érosion à Hêhounly 83
Tableau XIII : Fiche de relevé altimétrique 83

LISTE DES FIGURES

Figure 1 : Situation géographique du secteur d'étude 19
Figure 2 : Pluviométrie mensuelle de 1960 à 2010 20
Figure 3 : Température moyenne mensuelle 21
Figure 4 : Formations géologiques du secteur d'étude 23
Figure 5 : Formations pédologiques du secteur d'étude 25
Figure 6 : Orohydrographie du secteur d'étude 27
Figure 7 : Dynamique de la population 29
Figure 8 : Carte d'échantillonnage du secteur d'étude 35
Figure 9 : Hauteurs de pluie journalières enregistrées sur les sites 42
Figure 10 : Transect d'Assiangbomey 45
Figure 11 : Transect de Sowé 47
Figure 12 : Transect de Hêhounly 49
Figure 13 : Activités pratiquées par les agriculteurs 51
Figure 14 : Mode d'accès à la terre 53
Figure 15 : Techniques culturales 55
Figure 16 : Différentes spéculations 55
Figure 17 : Endroits cultivés par les populations 56
Figure 18 : Etats d'occupation du sol de 1995 et de 2006 61

LISTE DES PHOTOS

Photo 1 : Piquet d'érosion dans une jachère à Assiangbomey 40
Photo 2 : Piège à sédiments dans une teckeraie à Assiangbomey 41
Photo 3 : Terre érodée à Assiangbomey 43
Photo 4 : Déchaussement d'une habitation à Assiangbomey 43
Photo 5 : Association de maïs - arachide - manioc à Sowé 54
Photo 6 : Dégradation d'un champ à Sowé 57

ANNEXE

I- QUESTIONNAIRE

Questionnaire adressé aux ménages agricoles

Le questionnaire a servi à recueillir l'avis de la population agricole sur le mode de gestion des terres agricoles pour une pérennisation des ressources naturelles.

A- Objectif 1 : Identifier les facteurs physiques responsables de l'érosion pluviale

1- Quels sont les changements que vous avez constatés ces dernières années sur les terres agricoles ?
   a- Baisse du rendement ☐
   b- Augmentation du rendement ☐
   c- Fertilisation du sol ☐
   d- Apport de nouvelles couches ☐
   e- Autres (à préciser) ☐

2- Les saisons pluvieuses subissent-elles des modifications ?
   a- Oui ☐
   b- Non ☐

3- Selon vous, ces modifications sont dues à quoi ?
   a- Non respect des règles de la nature ☐
   b- Abattage des arbres ☐
   c- Vengeance des dieux ☐
   d- Non respect des fétiches ☐
   e- Autres (à préciser) ☐

B- Objectif 2 : Analyser les systèmes de cultures pratiquées dans le sud du bassin inférieur du Zou

4- Depuis combien de temps êtes-vous installés ici ?
   a- 1 an ☐
   b- Plus d'un an ☐
   Pourquoi ?..

5- Quelles sont les activités que vous pratiquées ?
   a- Agriculture ☐
   b- Elevage ☐
   c- Carbonisation ☐
   d- Exploitation de bois d'œuvre ☐
   e- Autres (à préciser) ☐

6- Quelles sont les différentes cultures pratiquées?
   a- Maïs ☐
   b- Riz ☐
   c- Manioc ☐
   d- Arachide ☐
   e- Igname ☐
   f- Piment ☐

g- Autres (à préciser) ☐
7- Quelles sont les superficies emblavées ?

Produits Superficies emblavées	Maïs	Riz	Manioc	Arachide	Igname	Piments	Autres
0 à 1 ha							
1 à 2 ha							
2 à 3 ha							
3 à 5 ha			☐				
Plus de 5 ha							

8- Utilisez-vous des produits chimiques ?
  a- Oui ☐
  b- Non ☐

Si oui, lesquels ?..

9- Quel est l'état actuel de vos sols ?
  a- Fertile ☐
  b- Peu fertile ☐
  c- Appauvris ☐

10- Pendant combien de temps exploitez-vous une parcelle ?
  a- 1 an ☐
  b- 2 ans ☐
  c- Plus de 2 ans ☐

11- Quel est le mode de stockage de vos produits agricoles ?
  a- Grenier ☐
  b- Magasin ☐
  c- Autres (à préciser) ☐

12- Quels sont les revenus que vous tirés de l'agriculture et autres activités par an?
  a- 10 000 f ☐
  b- Plus de 10 000 f ☐

13- Les revenus tirés de l'agriculture et des autres activités couvrent-ils vos besoins ?
  a- Oui ☐
  b- Non ☐

Si non, pourquoi ?..

14- Que faites-vous avec ces revenus ?
  a- Scolarisation des enfants ☐
  b- Besoin alimentaire ☐
  c- Autres (à préciser) ☐

15- Quelle est la nature de vos relations avec les éleveurs nomades?
  a- Bonne ☐
  b- Passable ☐
  c- Mauvaise ☐

16- Mettez-vous des terres en jachères ?

    a- Oui ☐
    b- Non ☐

    Pourquoi ?..

17- Quelle est la durée des jachères ?
a- 1 an ☐
b- Plus d'un an ☐
18- Avez-vous d'autres activités ?
a- Oui ☐
b- Non ☐

Si oui, lesquelles ?..

19- Quelles sont les techniques culturales utilisées ?
    a- Jachère ☐
    b- Rotation ☐
    c- Assolement ☐
    d- Autres (à préciser) ☐
20- Quels sont les matériels utilisés pour travailler la terre ?
    a- Coupe-coupe ☐
    b- Houe ☐
    c- Tracteur ☐
    d- Autres (à préciser) ☐

21- Quels sont les endroits que vous cultivez ?
a- Sommet ☐
b- Versant ☐
c- Bas-fonds ☐
d- Long des cours d'eau ☐
e- Autres (à préciser) ☐
22- Existe-t-il des structures d'encadrement dans la localité ?
a- Oui ☐
b- Non ☐
    Si oui, lesquelles..
23- Quels sont leurs domaines d'intervention ?
a- Restauration des sols ☐
b- Elevage ☐
c- Riziculture ☐
d- Autres (à préciser) ☐
24- Quelle est la nature de vos relations avec les agents du CeRPA et ONG?
    a- Bonne ☐
    b- Passable ☐
    c- Mauvaise ☐
25- Mettez-vous en pratique leur recommandation ?
a- Oui ☐
b- Non ☐
    Pourquoi ?
26- Quels types de main d'œuvre utilisez-vous ?
a- Membres de la famille ☐
b- Étrangers ☐

c- Autres (à préciser) ☐
27- Quelle est la superficie moyenne emblavée par individu ?
a- 1 ha ☐
b- Plus d'un ha ☐
28- Quels sont les modes d'accès à la terre ?
a- Héritage ☐
b- Achat ☐
c- Don ☐
d- Autres (à préciser) ☐

C- Objectif 3 : Proposer des méthodes de lutte antiérosives afin d'assurer une bonne gestion des terres agricoles

29- Les techniques culturales sont- elles efficaces ?
   a- Oui ☐
   b- Non ☐
30- Les techniques culturales ont-elles des conséquences sur les terres agricoles ?
a- Oui ☐
b- Non ☐
31- Quelles sont les stratégies mises en place pour atténuer efficacement et assurer la gestion durable des terres agricoles ?

    II-   Guide d'entretien adressé aux structures d'encadrement (CeCPA, forestiers, ONG)

Fiche no
   1- Quel est l'état des sols ?
   2- Quelle est la superficie emblavée par individu ?
   3- La superficie emblavée est – elle en baisse ou en augmentation ?
   4- Pourquoi une telle modification ?
   5- Quels sont vos apports techniques pour faire face à une telle situation ?
   6- Que proposez-vous pour lutter plus efficacement contre l'érosion des terres ?

Tableau VII : Hauteur des piquets d'érosion à Assiangbomey

Dates	Hauteurs de pluie (mm)	P1	P2	P3	P4	P5	P6	P7	P8
13 / 04 / 2011	51	44	47	46,9	47,3	48,1	48,4	48,6	43,9
01 / 06 / 2011	7	42	44	44,5	40	40,5	40	43	41
25 / 06 / 2011	5	41,5	42	43,5	40	40	39,5	43	40
12/06/2011	16,5	41,5	42	43	40,5	40	40	43	40
05/08/2011	17	41	42	43	44	40	40,5	43	40
09/09/2011	9,5	40	41	42,5	43,5	40	40,5	42,5	40
18/10/2011	9	45	42	40	45,5	42	49	48,5	42

Source : Travaux de terrain, avril et octobre 2011.

Tableau VIII : Hauteur des piquets d'érosion à Sowé

Dates	Hauteurs de pluie (mm)	P1	P2	P3	P4	P5	P6	P7	P8
15 / 04 / 2011	51	44,9	44,8	43,9	40,5	49	43,7	45	42
04/05/2011	26	45	45	43	40	40	44	43,5	41
29/05/2011	1,5	44,5	45	43,5	40	40	44	44	41,5
17/06/2011	8	45	45	44	40	40	43,5	44	42
09/07/2011	2	45	44	44	40	40	44	44	40,5
03/08/2011	5,5	45	45	43	40	40	44	44	41
30/09/2011	12	44,5	45	43,5	39,5	38,5	44	43,5	40,5
17/10/2011	24,5	44	46,5	42,5	40	48,3	44,5	44	40

Source : Travaux de terrain, avril et octobre 2011.

Tableau IX : Hauteur des piquets d'érosion à Hêhounly

Dates	Hauteurs de pluie (mm)	P1	P2	P3	P4	P5	P6	P7
14 / 04 / 2011	19,5	43,1	46,9	44	43,2	42,8	41,9	50
04/06/2011	17	30,13	30,15	30,14	30,13	30,12	30,11	45,18
20/10/2011	20,6	42	49	41,5	46	42,5	41	42,9
22/10/2011	10	41	47	40,9	43,5	43	40	43

Source : Travaux de terrain, avril et octobre 2011.

Tableau X : Relevé des piquets d'érosion à Assiangbomey

Piquets	Pente (%)	Evaluation des sédiments (cm)		Position topographique	Couverture Végétale
		Enlèvement	Accumulation		
Piquet1	1	2, 17	00	Sommet	Savane arbustive
Piquet 2	4	5	00	Versant	Savane arbustive
Piquet 3	3	00	1,5	Versant	Teck
Piquet 4	8	5, 05	00	Sommet	Champ et jachère
Piquet 5	4	7, 68	00	Versant	Savane arbustive
Piquet 6	5	6, 82	00	Versant	Savane herbeuse
Piquet 7	5	4, 83	00	Versant	Teck
Piquet 8	1	3, 4	00	Sommet	Teck + jachère

Source : Travaux de terrain, avril et octobre 2011.

Tableau XI : Relevé des piquets d'érosion à Sowé

Piquets	Pente (%)	Evaluation des sédiments (cm)		Position Topographique	Couverture Végétale
		Enlèvement	Accumulation		
Piquet1	1	0, 18	00	Sommet	Jachère + palmier
Piquet 2	8	00	0, 27	Sommet	Jachère + palmier
Piquet 3	6	00	1,5	Versant	Jachère
Piquet 4	7	0, 5	00	Versant	Jachère
Piquet 5	6	8, 03	00	Versant	Jachère
Piquet 6	9	00	0, 4	Sommet	Jachère
Piquet 7	3	1, 21	00	Versant	Savane herbeuse
Piquet 8	1	1, 07	00	Sommet	Savane herbeuse + jachère

Source : Travaux de terrain, avril et octobre 2011

Tableau XII : Relevé des piquets d'érosion à Hêhounly

Piquets	Pente (%)	Evaluation des sédiments (cm)		Position topographique	Couverture Végétale
		Enlèvement	Accumulation		
Piquet1	1	5, 39	00	Sommet	Teck + champ
Piquet 2	1	4, 85	00	Versant	Champ
Piquet 3	3	6, 48	00	Versant	Champ
Piquet 4	4	3, 32	00	Versant	Champ
Piquet 5	1	4, 26	00	Sommet	Champ + jachère
Piquet 6	1	4, 86	00	Versant	Verger + champ
Piquet 7	1	6, 31	00	Sommet	Verger + champ

Source : Travaux de terrain, avril et octobre 2011.

Tableau XIII : Fiche de levé altimétrique

N°	Station N° Localisation Longueur (m)	Pente (%)	Dénivellation	DC	LC	Observation Code : Date :

DC = Dénivellation Cumulée, **LC** = Longueur Cumulée, **P** : Pente **D**=L/P

Source : Travaux de terrain, avril 2011.

TABLE DES MATIERES

Sommaire 1

Dédicace 2

Remerciements 3

SIGLES ET ACRONYMES 4

Résumé 5

Abstract 5

INTRODUCTION 6

CHAPITRE I : CADRE THEORIQUE ET MILIEU D'ETUDE 9

    1.1. Cadre théorique 9

        1.1.1. Problématique 9

        1.1.2. Hypothèses 11

        1.1.3. Objectifs 12

            1.1.3.1. Objectif global 12

            1.1.3.2. Objectifs spécifiques 12

        1.1.4. Revue de littérature 12

        1.1.5. Clarification des concepts 15

    1.2. Milieu d'étude 18

        1.2.1. Présentation du milieu d'étude 18

        1.2.2. Caractéristiques physiques 20

            1.2.2.1. Climat 20

            1.2.2.2. Précipitations 20

            1.2.2.3. Température 21

            1.2.2.4. Relief 22

1.2.2.5. Géologie et Sols 22

1.2.2.6. Hydrographie 26

1.2.2.7. Végétation 28

1.2.3. Caractéristiques humaines 29

1.2.3.1. Dynamique de la population 29

1.2.3.2. Activités socio-économiques 30

CHAPITRE II : MATERIEL ET METHODE 31

2.1. Matériel 31

2.2. Méthode 32

2.2.1. Collecte des données 32

2.2.1.1. Recherche documentaire 32

2.2.1.2. Travaux de terrain 33

2.2.2. Traitement des données 37

2.2.3. Analyse des données 37

2.2.3.1. Analyse diachronique 38

2.2.3.2. Evaluation des pertes de terre 39

2.2.3.3. Présentation du dispositif expérimental 40

CHAPITRE III : RESULTATS ET DISCUSSIONS 42

3.1. Déterminants physiques de l'érosion pluviale 42

3.1.1. Précipitation 42

3.1.2. Topographie 44

3.2. Systèmes de cultures 51

3.2.1. Activités pratiquées 51

3.2.2. Mode d'accès à la terre 52

3.2.3. Techniques culturales 53

3.2.4. Cultures pratiquées 55

3.3. État de la dynamique actuelle de l'occupation du sol 57

3.3.1. Etat d'occupation du sol de 1995 57

3.3.2. Etat d'occupation du sol de 2006 58

3.4. Discussion 62

3.5. Approches de solutions et suggestions 63

3.6. Proposition d'aménagements de lutteanti - érosifs 65

3.6.1. Fascines 65

3.6.2. Cordons pierreux 66

3.6.3. Diguettes 67

3.6.4. Haies isohypses 68

3.6.5. Évaluation des coûts des aménagements anti-érosifs 69

CONCLUSION 70

BIBLIOGRAPHIE 72

LISTE DES TABLEAUX 77

LISTE DES FIGURES 77

LISTE DES PHOTOS 77

ANNEXE 78

TABLE DES MATIERES 84

Oui, je veux morebooks!

i want morebooks!

Buy your books fast and straightforward online - at one of the world's fastest growing online book stores! Environmentally sound due to Print-on-Demand technologies.

Buy your books online at
www.get-morebooks.com

Achetez vos livres en ligne, vite et bien, sur l'une des librairies en ligne les plus performantes au monde!
En protégeant nos ressources et notre environnement grâce à l'impression à la demande.

La librairie en ligne pour acheter plus vite
www.morebooks.fr

OmniScriptum Marketing DEU GmbH
Heinrich-Böcking-Str. 6-8
D - 66121 Saarbrücken
Telefax: +49 681 93 81 567-9

info@omniscriptum.de
www.omniscriptum.de

Printed by Books on Demand GmbH, Norderstedt / Germany